版式设计

主 编 罗小涛 武 丹
副主编 彭中军 居煜衡 徐社永 管学理 彭 泽
　　　 蒋粤闽 邱 萌 张笑月 李亚萍 邓夕鹏

高等院校艺术学门类
"十三五"规划教材

ART DESIGN

华中科技大学出版社
http://www.hustp.com
中国·武汉

内容简介

本书通过解析大量国内外优秀版式设计作品，分步骤引导初学者由浅入深地理解版式设计的基本方法和应用原理。

全书分为五章，分别是理论篇、基础篇、设计篇、应用篇和赏析篇，从理论到实践，集中探讨了版式设计的基础知识和关键问题。

图书在版编目（CIP）数据

版式设计 / 罗小涛, 武丹主编 . — 武汉：华中科技大学出版社，2019.2（2024.6 重印）
高等院校艺术学门类"十三五"规划教材
ISBN 978-7-5680-4308-3

Ⅰ.①版… Ⅱ.①罗… ②武… Ⅲ.①版式 – 设计 – 高等学校 – 教材 Ⅳ.① TS881

中国版本图书馆 CIP 数据核字 (2019) 第 028420 号

版式设计
Banshi Sheji

罗小涛　武　丹　主编

策划编辑：	彭中军
责任编辑：	郑小羽
封面设计：	优　优
责任监印：	朱　玢

出版发行：华中科技大学出版社（中国·武汉）　电话：（027）81321913
　　　　　武汉市东湖新技术开发区华工科技园　邮编：430223

录　　排：华中科技大学惠友文印中心
印　　刷：武汉科源印刷设计有限公司
开　　本：880 mm×1230 mm　1/16
印　　张：8
字　　数：230 千字
版　　次：2024 年 6 月第 1 版第 2 次印刷
定　　价：49.00 元

本书若有印装质量问题，请向出版社营销中心调换
全国免费服务热线：400-6679-118　竭诚为您服务
版权所有　侵权必究

前言
QIANYAN

　　版式设计的最终目的是在有限的版面内，以最快速、直接、有效的方式传递核心信息。只有做到主题鲜明、重点突出、一目了然，并且具有独特的个性，才能达到版式设计的最终目标。

　　与传统艺术设计类教材不同的是，本书在借鉴大量国内外比较经典的设计案例的同时，也有引导初学者进行单元设计的实践参考。全书分为五章，分别为理论篇、基础篇、设计篇、应用篇和赏析篇，从理论到实践，集中探讨了版式设计的基础知识和关键问题。第一章从对版式设计的基本认知开始，介绍版式设计的应用范围和基本原则；第二章通过对版式的视觉元素、视觉流程和形式法则的基础知识的认知，逐渐深入地讲解版式设计的基本构图类型；第三章逐层深入地讲解版式设计中的构图要点，并着重从文字、图片、图文版面及网格系统等方面来分析版式设计的原理和技巧；第四章重点分类讲解报纸版面、宣传册版面、网页版面及杂志和书籍版面中版式设计的应用规范；第五章选取大量优秀案例，并对案例进行阶段性解析，使版式设计有章可循，由浅入深地指导学生分析、理解并设计实践，同时以图解的方式示范并讲解版式设计的共性规律和技巧，避免学生犯常识性错误。本书通过对各设计方向的版式设计作品的详细分析，使读者更快地掌握版式设计的基础技巧并提高自己的审美能力和设计能力，达到从入门到精通的最终目的。设计篇和应用篇中附有学生部分实践作品，通过进阶式的实战训练有效帮助学生提高理解和分析版面设计问题的能力，同时通过主题训练强化、拓展学生解决问题的能力。本书鼓励用理念发展技巧，从实践中发现设计原则，以展现版式设计方案的多样性和挖掘解决问题的各种潜在因素。如果本书能使各位初学者从中受到一点启发，真正掌握一些版式设计的原则与创意的基本技巧，那将是我们莫大的荣幸。

　　本书在编撰过程中，参考了优设网、花瓣网、站酷等各大设计网站，由于时间紧、工作量大，无法一一列出，在此深表歉意，并对各设计网站优秀资料的提供者表示由衷的感谢！

　　由于我积累与掌握的资源有限，加之编写时间仓促，编写过程中总有意犹未尽之感，若有不足，希望广大读者批评指正，以便今后修订和完善。

罗小涛
2018 年 2 月

目录 MULU

第一章　理论篇　1
第一节　版式设计的概念　2
第二节　版式设计的发展状况　2
第三节　版式设计的原则　6

第二章　基础篇　7
第一节　版式的平面构成要素　8
第二节　版式的视觉流程　13
第三节　版式的形式法则　17

第三章　设计篇　21
第一节　版面构图的要点　22
第二节　文字的编排　29
第三节　图片的设置　41
第四节　文字与图片的编排　47
第五节　版式设计的网格系统　63

第四章　应用篇　77
第一节　报纸的版式设计　78
第二节　宣传册的版式设计　87
第三节　网页的版式设计　100

第五章　赏析篇　119

参考文献　124

Chapter one
第一章

理论篇

版式设计

第一节
版式设计的概念

要学习版式设计，首先要了解版式设计的定义。所谓版式设计，是指出版物版面格式的设计，包括对版心、排式、字体、行距等版面布局因素的安排。版式设计体现了出版者在编辑加工过程中创造性的劳动，尤其是报纸和期刊的版面设计更加突出地反映了出版者的出版风格和品位。版式设计需要将版面构成要素——点、线、面，根据特定内容的需要进行排列组合，并运用造型要素以及形式原理，把构思与计划以视觉形式表达出来，以艺术手段正确地表现版面的信息。版式设计不应该仅仅是现代社会的产物，在人类发展的每个阶段，由图形和文字组成的版式都有其文化与精神创造的意义，都可以称为版式设计，进一步拓展了版式设计的范畴。

版式设计也是一种重要的视觉传达语言，要求合理地组织不同的构成元素表达特定的视觉主题。版式设计在发展过程中，突破了平面构成模式，其包含目的性的商业特点使之发展成为需要调动一切设计元素的科学。只要我们留心观察，就会发现生活中的报纸、电视、网络等各个媒体都在传播着各种各样的信息。无论是超市里令人眼花缭乱的商品包装，还是街道上无处不在的广告牌，这些设计作品无一例外地都包含着版式设计的因素。所有这些传统媒体和新兴载体都通过各种形式在向人们传达着各种信息。可以说版式设计已经和人们的生活紧密联系在一起了，学习版式设计对于设计师来说显得尤为重要。

版式设计根据其目的大致可分为两大类：以培养设计师技能为主的编排设计和实际商业应用的版式设计。它们包括书籍装帧、杂志、海报、广告、传单、页面、产品包装、报纸、CIS宣传手册等。

第二节
版式设计的发展状况

版式设计的发展是一个漫长的过程。在人类文明的早期阶段，人类的祖先创造了各种符号来交流信息、记录生活，在这个过程中，人类也就产生了编排这些符号的意识。通过刻在岩洞上的壁画或兽骨上的各种文字，可以看到人类祖先早期朦胧的编排意识，那是人类版式设计的起源。社会的进步、书写的发展，使得用手稿记载历史事件成为可能。印刷技术的发展为信息的传播提供了更广阔的途径。随着印刷技术的发展，版式设计也随之发展起来。下面我们通过对比传统书籍与西方书籍的版式设计，了解版式设计的历史和发展。

一、中国的书籍形态和版式设计的历史

公元前，把文字写在狭长的木片上，称为木简，写在竹片上称为竹简，统称为简（见图1-2-1），就像现今的"页"。把文字写在较宽的竹茎、木板上，称为牍（见图1-2-2）。将简或牍用丝、草或藤编排串起来，就成为一篇文章，称为策（见图1-2-3），策的含义与现今的"册"相似。策便成为我国最早的书籍装订形式。

图1-2-1　　　图1-2-2　　　图1-2-3

策背面写有篇名与篇次，将策卷起来的时候，文字正好显示在外面，方便人们在阅读时查找。传统书籍形式对现代书籍的版式设计产生了极为重要的影响。比如：现代书籍一直延续着传统书籍从上到下的文字编排形式，很多现代书籍术语仍然依照传统书籍编排。

中国古代四大发明中的印刷术和造纸术，为全

人类的文明和社会进步开创了新的局面，也有力地促进了版式设计的发展。在东汉时期，蔡伦改进了造纸术，大大降低了纸的制造成本，为印刷术的诞生创造了必要的前提条件，也使得版式设计的发展有了原动力，更使得当时中国的平面印刷水平领先于世界。随着时代的进步、工艺水平的改进、物质材料的增多，版式风格也不断向前发展，卷轴装、旋风装、经折装、蝴蝶装、包背装、线装书籍出现，与之适应的版式也随着书籍形态不断演变。

中国传统书籍的版式设计对后来的版面设计有很大影响。中国传统书籍中的文字采用竖排、从右至左的阅读方式，形成了与当时西方书籍完全不同的版面形式。在中国传统书籍中，文字的编排方式表现了中国的传统文化，与中国画的结构有着重要关联。

二、西方的书籍及版面形式的发展

西方版式设计在发展初期大多以图画、文字的形式记录自然、叙述事情。相关版式设计形式的研究表明，后人的版式设计总是建立在前人文明的基础上的，满足生产与生活需要的版式形式，具有很强的传播性与延续性。

西方历史上最早有记载的文字版式形式，出现在约公元前3000年的两河流域，苏美尔人用削成三角形尖头的芦苇秆或骨棒、木棒当笔，在潮湿的用黏土制作的泥板上写字，这种文字后来成为西方最早的编排版式形式，版面编排规整，文字按照整齐的格子书写，字体十分规范，如楔形文字（见图1-2-4）。人类发明文字的同时诞生了文字排列，随后，文字与图形的版式编排就随着人类文明的发生而发生。

图1-2-4

古埃及是古代世界文明交往中影响力较大的文明之一。古埃及的莎草纸是古埃及人广泛采用的书写介质，它用当时盛产于尼罗河三角洲的纸莎草的茎制成。直到11世纪左右，欧洲教会依然在正式文件中使用莎草纸。在古埃及的宗教传说中，人们相信来世，认为现世的人只是人全部生命的一个部分，人的死亡是以生命的另一种方式进入另外一个世界和国度的，《死亡书》的图文编排方式体现了古埃及人的神灵思想（见图1-2-5）。莎草纸的产生，为版式形式的多样化提供了可能，此时的版式十分讲究，插图与象形文字相混合，插图制作精美，文字排版根据实际需要，竖排与横排同时出现在一个版面上，版面整体结构严谨，组织有序，具有绝妙的装饰性。

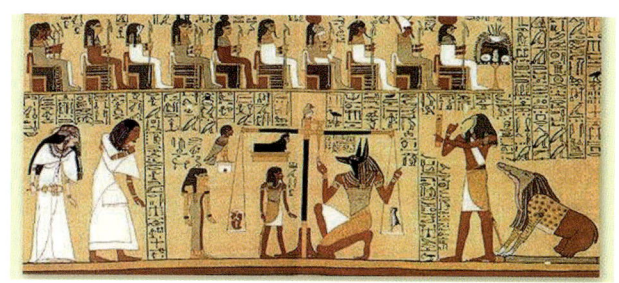

图1-2-5

到西方封建时期，封建城邦封闭的特征造成相互间文化交流的不畅，这也使得具有特色的地方版式形成成为必然。卡洛林小写体就是这一时期的产物，也就是现今拉丁字母中小写字母的雏形。它比以前的字体更易于阅读，且特别适合于书籍的抄写发行。

中世纪以后，基督教成为官方最大的垄断性宗教组织，人们的一切活动都必须按照宗教的标准去做。在神的教诲下，人们以最大的限度泯灭人性，提倡神性，倡导禁欲。《圣经》手抄本成为当时版式设计的代表作。手抄本《圣经》具有三个版式特征：第一，整部书重点采用插图，插图的方式与文字相统一，与书的整体气质浑然一体，丝毫没有添加或生硬的痕迹，文字与插图结合得巧妙自然；第二，广泛使用装饰字体，在主要文字上，都必须经过主要的设计与装饰；第三，整个版式使用钻石、珠宝、金、银等华贵材料装饰。虽然中世纪的宗教统治极为黑暗，但中世纪毕竟脱胎于古典时期，大量极有价值的国家法典、宗教圣经的设计不免带有古典时期的烙印，版式设计吸收了许多古典风格的精华，例如《圣经》手抄本（见图1-2-6）。

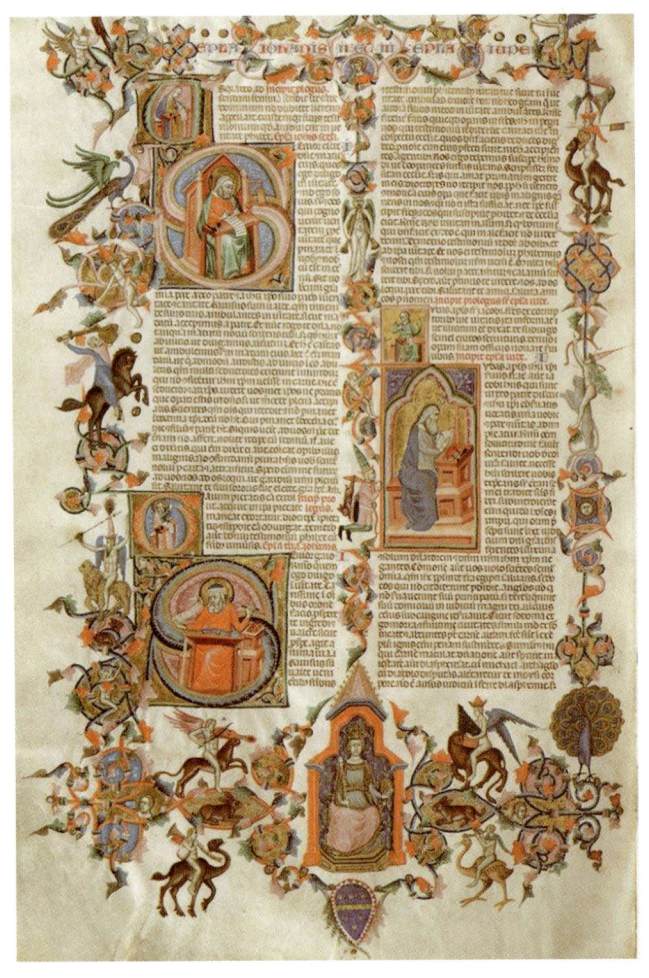

图 1-2-6

图 1-2-7

文艺复兴时期是从"为神的艺术"到"为人的艺术"的转变时期。并且，文艺复兴运动的人文主义促进了欧洲科学技术的发展，为技术和技艺的发展开辟了广阔天地。在这个时期，企业主为了取得有竞争力的设计而投资扶持设计行业，使风格的个性化呈现纷繁杂沓的格局，同时文化的商品性滋生出各式各样的风格、艺术家和流派。此时的版式设计大多以建筑、雕塑、油画等形式出现。

18 世纪开始，为了扩大版面，开始采用大型号的纸张，这阶段的书籍虽然在纸张和尺寸上有所改变，但是在印刷和视觉上几乎没有什么变化。这种状况一直持续到 19 世纪中期。1845 年，理查德·霍改良印刷机后，垂直式版面取得了主导地位，引领着当时整个版式设计的发展方向。这种版面通常以竖栏为基本单位，文字小，图片很小，标题不跨栏，这样的书籍在当时主要靠厚度来体现其重要程度。到了 19 世纪末，英国的"工艺美术运动"在莫里斯等人的指导下，提出了"美术与技术结合"的口号。

莫里斯的设计作品，在版面简洁、易读的基础上更加注重版面的装饰性和个人风格的体现，注重版式的趣味性和书籍气氛的特色（见图 1-2-7）。

20 世纪初，欧洲的社会、政治、文化和经济陷入了大动荡的漩涡。现代设计在各种思潮的推动下，经历了一系列创造性的革命运动。一个个新的艺术流派，立体派、未来派、达达派、超现实主义、风格派、构成主义等相应而生，它们直接影响了视觉的造型语言和视觉的传达形式，直接左右了版式设计的演化与发展。

1909 年意大利诗人马里奈蒂（Marinetti）建立了未来派，1913 年 6 月他撰文提出要对传统古典的印刷版面进行一次彻底的革命，于是一种新的绘画式的印刷版式即"自由印刷版式"或"自由的词"在印刷物上应运而生。它与传统的版式设计不同，它提倡整版跳跃和爆炸的风格，有时甚至在同一版面上允许三到四种颜色和二十种字样出现。它用动

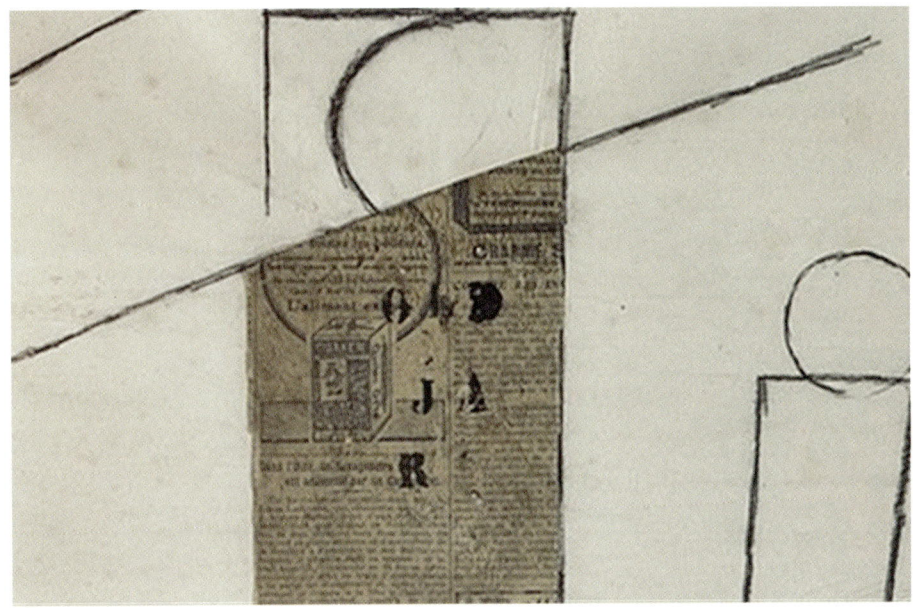

图 1-2-8　　　　　　　　　　　　　　　　　　　　　　　图 1-2-9

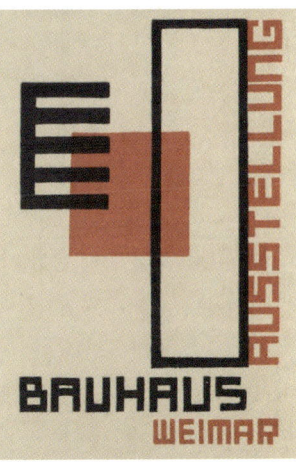

图 1-2-10

态的、非直线的构图，把字和词粘在需要的位置上，使整个版面非常活跃（见图 1-2-8、图 1-2-9）。

1919 年，德国成立了包豪斯设计学院，将构成主义运动和 20 世纪初期艺术的各种观念在教学中进行实践和研究，促进了版式设计的发展。包豪斯设计学院的理念是提倡设计中"不受陈规约束地使用一切直线方向。我们用一切字样、字的大小、几何形、色彩等。我们要创造一种印刷版式的新语言，它的伸缩性、多样化和新鲜的版面构图，完全由内部表达法则和视觉效果支配。"该时期的版面设计，采用不对称的印刷版式，注重强烈的对比，大的面块、粗线条的运用和丰富的字体大小变化，这些都体现出新的时代精神（见图 1-2-10）。

到了 20 世纪 60 年代，版面设计受到了空前的重视，科技开始影响版式设计风格。随着设计语言的发展和电脑的普及，在美国兴起并发展了一种设计风潮——自由式版面设计。其特点是页面的印刷部分与未印刷部分都处于相同的重要地位。文字的排列不受任何的拘束而自由随意，文字和图片都被看作构成中的点、线、面等视觉元素来设计编排，而不是文字与图片相对分离，这样就使画面更具有活力和动感，更为新颖独特，同时也更具有冲击力。

从此，版式设计弥补了理性主义设计在感官上的不足，朝着自由、洒脱的方向发展，版式设计进入了一个自由王国的年代。

第三节 版式设计的原则

版式设计美是一种形式美，必须尊重人们的审美认识规律、正常的客观审美习惯，这些规律和习惯包括社会的、心理的、民族的、历史的。形式美是为内容美服务的，要追求内容美与形式美的统一。版式设计的最终目的是使版面具备清晰的条理性，用悦目的编排方式来更好地突出主题，使版面达到最佳效果。

一、主题鲜明突出

要使版面获得良好的诱导力，鲜明地突出诉求主题，可以通过版面的空间层次、主从关系、视觉秩序以及彼此间的逻辑条理性的把握与运用来实现。为了突出主题思想，版式的整体布局必须单纯、简洁。按照主从关系的顺序，将放大的主题形象作为视觉中心，表达主题思想，将文案中的多种信息做整体编排设计，有助于主体形象的建立，这样就要求设计者的设计理念建立在新颖独特的艺术构思上。一个成功的版面构成，必须明确作者的目的、作品的主题，并深入去了解、观察、研究与设计有关的方方面面，既包括诉求内容的规划与提炼，又涉及版面形式的构成技巧。

二、形式与内容统一

版式设计的前提是版式追求的完美形式必须符合版式主题的思想内容，并且通过新颖和完美的形式来表达版式的主题思想。只讲完美的表现形式而脱离内容，只求内容而没有艺术的表现，版式设计都会变得空洞与刻板，也会失去版式设计的意义。只有将这两者结合在一起，设计者首先深入领会主题的思想精神，再融入自己的思想感情，找到一个符合两者的完美表现形式，版面设计才会体现出独一无二的价值。

三、优化整体布局

优化整体布局是将版面内的各种编排要素在编排结构及色彩上做整体设计，以求最优的视觉传达效果。将杂乱无序的文字、图像在和谐的共生中产生超出知识信息的美感并体现出秩序之美，使人在阅读的过程中体会流动的美。

版式是一个整体，编排要素在版面中并非孤立的存在，也并非简单的叠加、排列、铺陈。并且，每一个版式的排列都有其自身的原理，采用的手法也多种多样，可以是夸张的、比喻的、联想的、幽默的、对比的等，其目的是使画面产生美感，使阅读更加方便，体现出设计师的艺术风格，从而达到满意的效果。

教学实例：分析讨论

课后练习

1. 版式设计的功能是什么？
2. 版式设计的原则有哪些？
3. 从杂志、报纸、网页、宣传册、平面广告、招贴等媒介中搜集优秀版式设计作品，并对其进行分析。

Chapter two
第二章

基础篇
JICHU PIAN

第一节
版式的平面构成要素

版式设计要新颖、大方、美观，同时要与自身定位相符合，这时版面构成成为关键点，它给了人们视觉上的感觉。了解版面的视觉构成元素是关键的一步，视觉构成元素主要指点、线、面，它们不同的组合方式给人不同的心理感受。除此之外，图形和色彩也是其重要的构成元素。对这些元素的视觉感知、心理和信息传达的分析，再加上组合、构成的设计方法，能够使画面呈现不同的艺术效果，给受众带来不同的视觉感受和心理感受。一个好的版式设计，能够将这些视觉元素合理地运用起来，既能准确地传达主题，又能获得受众的认同。

世上物体的形态千变万化，这些空间的形态均归于点、线、面的分类构成，它们彼此交织，相互补充、相互衬托，有序地构成缤纷的世界。在设计中也同样，任何一种版式设计在空间原理上均归于点、线、面的分类。点、线、面是几何学的概念，也是版式设计的基本元素和主要的视觉语言形式。

点、线、面是构成视觉空间的基本元素，也是版面构成的主要语言。版面构成实际上就是如何经营好点、线、面。不管版式如何复杂，最终都可以简化到点、线、面。在设计师的眼里，世上万物都可以归纳为点、线、面：一个字母、几个数字，可以理解为一个点或多个点。一行文字、一行空白，均可理解为一条线；多行文字、一张图片或一片空白，都可以理解为不同形状的面。版式设计就是在有限的版面空间内处理和协调好点、线、面之间相互依存、相互作用的关系，组合出各种各样的形态，构成有新意的、符合审美意识的版式。

一、点的编排构成

点是最基本的形。点在造型要素中是最基本的形态，也是最细小的单位。在几何的定义中，它只有位置而没有大小，它是一条线的起点和终点，或是两条线的相交处。编排设计意义上的点是可视的，点可以是一个形，也可以是一块色彩、一张小小的照片或图像，点可以是任何一种形态（见图2-1-1）。一个较小的形态称为点，一个字是点，一条线的起始或终结也是点，两条或几条线的交叉处仍然可以称为点。点在形象设计中不是孤立存在的，它必然会依附于某个形体，它的形状不固定，可以是任意的形象。点的性质是由空间环境所决定的。点在空间环境中只占有极小的面积。点具有张力作用和紧张性，在空间的衬托下，点很容易将视线吸引和聚集。

点在空间的大小上可以与线和面区分开来，但它们之间的界限是相对的、可变的。当点重复地按照一个方向排列时，一组点就是一条线（见图2-1-2）。同样，一组或一群点也可以组成面，形成一个大的形。

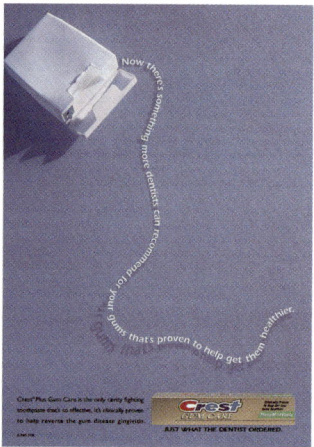

图 2-1-1　　　　　图 2-1-2

版面中的点，由于大小、形态、位置的不同，所产生的视觉效果和心理作用也不同。点的缩小起着强调和引起注意的作用，而点的放大有面之感。它们注重形象的强调和表现，给人情感上和心理上的量感。将行首放大起着引导、强调、活泼版面和成为视觉焦点的作用。

在版面中，任何一个单独而细小的形象都可以称为点，点的面积是相对的，比如在版面中一个文字、一个商标、一个按钮、一个logo等都可称为点。点排列的形状、方向、大小、位置、聚集、发散，能够给人带来不同的心理感受和视觉冲击。

（一）点在版面上的位置

点在版面上的位置有以下四种，如图2-1-3所示。

1. 点居于几何中心

   上下左右空间对称，视觉张力均等，庄重但呆板。

2. 点居于视觉中心

   有视觉心理的平衡与舒适感。

3. 点偏左或偏右

   产生向心移动趋势，但过于边置会产生离心之动感。

4. 点做上、下边置

   有上升、下沉的心理感受。

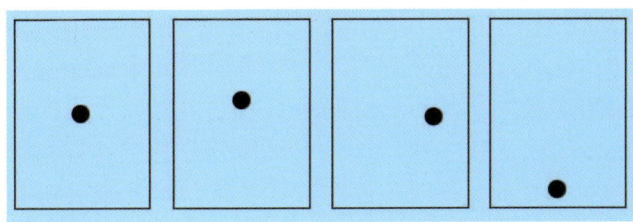

图 2-1-3

在设计中，将视点导入视觉中心的设计，如今已屡见不鲜。为了追求新颖的版式，特意将视点导向左、右、上、下边置的变化已成为今天常见的版式表现形式。准确运用视点的设计来完美地表述情感即内涵，使设计作品更加精彩动人，这正是版式设计追求的更高境界。

点设计表现时通常需要色彩来配合，因此，点的位置、大小与色彩配置有着很重要的联系。由于点的面积相对较小，所以在设计时它以位置的安排取胜，在整体构图中，只有恰当地安排点的位置，才能真正发挥出点的光彩。

（二）点在编排设计中的作用

1. 作为构成元素

   点可以作为主要构成元素，充满整个画面（见图 2-1-4）。

2. 成为画龙点睛之"点"

   在编排设计中，点可以成为画龙点睛之"点"，和其他视觉设计要素相对比，形成画面的中心（见图 2-1-5）。

3. 点缀和活跃画面气氛

   点也可以和其他形态组合，起到平衡画面轻重、填补一定空间、点缀和活跃画面气氛的作用（见图 2-1-6）。

4. 成为肌理或其他要素

   各种点还可以组合起来，成为一种肌理或其他要素，衬托画面主体（见图 2-1-7）。

二、线的编排构成

点移动的轨迹为线。线在编排构成中的形态很复杂，有形态明确的实线、虚线，也有空间的视觉流动线。然而，人们对线的概念，仅停留于版面中形态明确的线，对空间的视觉流动线，却往往易忽略。实际上，我们在阅读一幅画的过程中，视线是

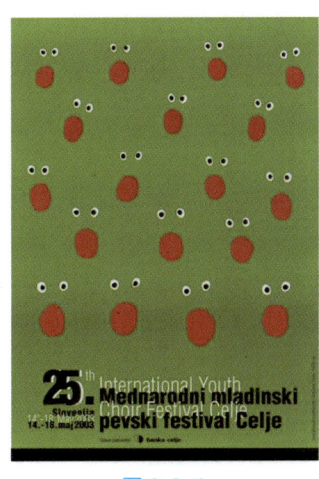

图 2-1-4

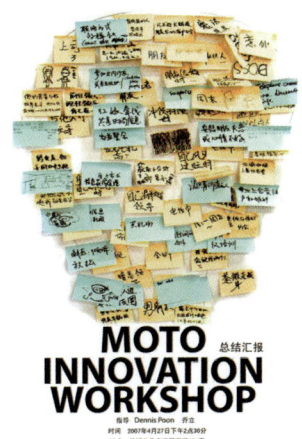

图 2-1-5

图 2-1-6

图 2-1-7

随各元素的运动流程而移动的,对这一流程人人都有体会,只是人们不习惯注意自己构筑在视觉心理上的这条既虚又实的"线",容易忽略或视而不见。实质上,这条空间的视觉流动线,对于每一位设计师来讲,都具有相当重要的意义。

线有着与点截然不同的形态,具有长度、位置和方向感,线比点更具感情性格。线有直线和曲线两种基本类型,不同类型的线有着不同的性格,不同性格的线在心理上形成的感觉也各不相同,大体的感觉:直线表示静,曲线表示动,折线表示不安定。从生理和心理角度看,直线具有男性要素,曲线具有女性要素。

线是有性格的。人们在设计或书写时要用线。钢笔画出的线和毛笔书写的线具有完全不同的性格。硬边的线与柔边的线也会给人不同的视觉品质。

线还可以表达飞动和静止的感受,具有长短、粗细、深浅、正负等变化。组合起来,线的变化、性格及表达力将倍增(见图2-1-8)。在许多应用性的设计中,文字构成的线往往占据着画面的主要位置,成为设计者要处理的主要对象(见图2-1-9)。

(一) 线与点、面的转化

短而外形小的线在视觉上往往被认定为一个点。线也可以以点的方式出现,形成有节奏的线(见图2-1-10)。线可以转化为面,线的排列组合可以在外形上组成各种具象或抽象的形态(见图2-1-11)。

(二) 线在版式设计中的作用

1. 线具有空间分割的作用

在进行版面分割时,既要考虑各元素彼此间支配的形状,又要注意空间所具有的内在联系。保证良好的视觉秩序感,这就要求被划分的空间有相应的主次关系、呼应关系和形式关系,以此来获得整体和谐的视觉空间。

1) 空间等量的分割

将多个相同或相似的形态进行空间等量分割,以获得秩序与美。图文在直线的空间分割下,求得清晰、有条理的秩序,同时求得统一和谐的效果(见图2-1-12)。

图 2-1-8

图 2-1-9

图 2-1-10

图 2-1-11

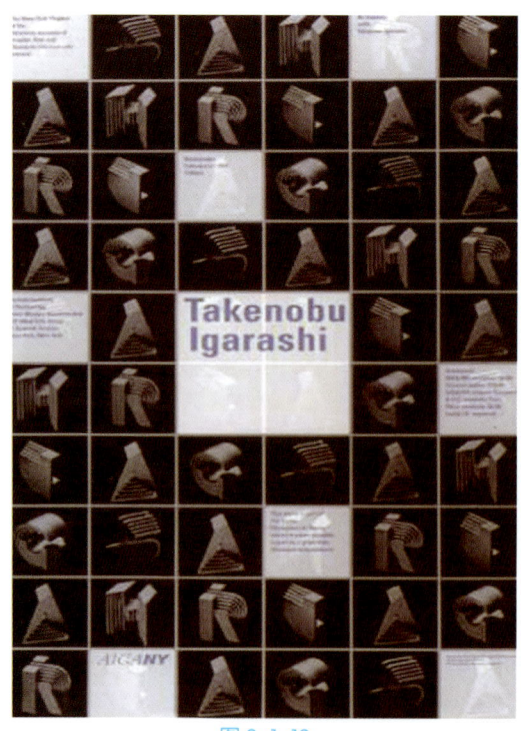
图 2-1-12

图 2-1-13

2）不同比例的空间分割

进行不同比例的空间分割，版面会产生各空间的对比与节奏感（见图 2-1-13）。

2. 线具有引导视线的作用

1）空间里的视觉流动线

一种容易被我们忽略的线是，我们在阅读画面时无形中产生的空间里的视觉流动线，它就好像视线随着画面各元素转移时被记录下来的运动流程（见图 2-1-14）。

图 2-1-14

2）串联各种视觉要素

线作为设计要素，在设计中的影响力大于点。线要求在视觉上占据更大的空间，它们的延伸带来了一种动势。它可以串联各种视觉要素，使画面充满动感（见图 2-1-15）。

3. 线框具有空间约束的作用

在强调情感或动感的出血图中，若以线框配置，则情感与动感获得相应的稳定规范。另外，若线框细，则版面轻快而有弹性，但场的感应弱；当线框加粗，图像有被强调的感觉，同时诱导视觉注意；但线框过粗，版面则变得稳定、呆板、空间封闭，其场的感应明显增强。（见图 2-1-16）

图 2-1-15

图 2-1-16　　　　　图 2-1-17

线可以是有形的，亦可是无形的。如编排设计中的轴线、骨格线等，它们可以组合理顺各种图像和文字在视觉上的关系，起到稳定版面的作用。

4. 线可以构成各种装饰要素

线可以构成各种装饰要素，以及各种形态的外轮廓，它们起着界定、分隔画面各种形象的作用（见图 2-1-17）。

三、面的编排构成

生活中的三维空间是立体空间，看得见、摸得着、能深入，如我们走进教室的感觉；而平面编排中的三维空间，是在二维空间的平面上建立近、中、远立体的空间关系，看得见而摸不着，是假象空间。这种假象，是通过借助多方面的空间关系来表现的，即比例、动静、图像肌理等空间因素。

凡不具备"点""线"特征的形象就是面，面具有长、宽两度空间，没有厚度，面也称为形，是设计中的重要因素。面与线一样有着丰富的感情性格，面在空间上占有的面积最大，在视觉上比点和线来得更强烈、实在，具有鲜明的个性特征。

面可分成几何形和自由形两大类。因此，在排版设计时只有把握相互间整体的和谐，才能产生具有美感的视觉形式。

面是线的发展延续。从平面设计的意义上讲，面也就是形，面就是在平面上展开的形。

（一）面的分割构成

面的分割构成主要表现为：线条对一张图片或多张图片进行分割，使其整齐有序地排列在版面上。这样分割编排的版面，具有强烈的秩序感和整体感，具有严肃、稳定的视觉效果。

（二）面的情感构成

面具有多重性格和丰富的内涵，有时动态强势，有韵律，能够塑造立体感，给人很多错觉（见图2-1-18）。

在编排设计中，面的表现包括了各种色彩、肌理等方面的变化，同时面的形状和边缘对面的性质也有着很大的影响，不同的情况会使面的形象产生极多的变化（见图2-1-19）。

图 2-1-19

（三）面在版面设计中的作用

在各种基本视觉要素中，面的视觉影响力最大，它们在画面上往往是举足轻重的。面在版面中具有平衡、丰富空间层次，烘托、深化主题的作用。

四、点、线、面的混排

一个完整的版面是由点、线、面的有机结合而产生的。点的流向排版就形成了线，线的密集排列形成面。点、线、面是相对而言的，主要根据它们在画面中的比例关系决定。面是各种基本形态中最富有变化的视觉要素。它包括了点和线，如果有空间、大小等条件的存在，面也可以转化为点和线。线从理论上讲是点的发展和延伸，在版式设计中是多样的。（见图2-1-20、图2-1-21）。

图 2-1-20

图 2-1-18

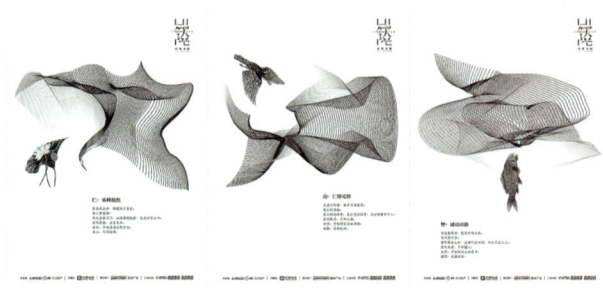

图 2-1-21

第二节 版式的视觉流程

视觉流程是指受众接收信息时有一个先后过程。每个版面都有各自不同的视觉流程，但不论是清晰单纯的，还是散乱含糊的，它们都是以最大限度地满足信息传达功能为前提的。在进行编排设计时，设计师要依据主题需要，有意识地将各设计要素组织安排，让受众的视线按照设计好的线路，有顺序、有条理地阅读版面内容，以达到有秩序地传达信息的目的。

根据视觉习惯确立视觉流程是常用的一种设计方法。人们的阅读一般是按照从上到下、从左至右的顺序进行的。视线流动的顺序，还会受到人的生理及心理的影响。由于眼睛的水平运动比垂直运动快，因而在观察视觉物象时，容易先注意水平方向的物象，然后才注意垂直方向的物象。人的眼睛对于画面左上方的观察力优于右上方的，对右下方的观察力又优于左下方的，因而，一般广告设计均把重要的构成要素安排在左上方或右下方。这种通过视觉习惯来引导视线的设计方法比较传统，在海报、招贴等版面编排中被广泛采用。

每一个版面都有视觉流程，要想在视觉上有所突破，就得在视觉流程上下功夫。版面构成的视觉流程主要是指平面上各种不同元素的主次、先后关系，是设计上处理起始点和过程的一种阅读节奏。版面中引导视线的方式有很多，下面是几种主要的视觉流程。

一、韵律的视觉流程

韵律的视觉传达导向是相对于直线视觉流程的一种形式，有一定的节奏，包括线、大小、方向等，可根据角度自然流动。清晰的造型节奏可以形成规律的视觉流程，并且这种方式更加灵活，有韵律，能增加招贴设计的动感、节奏和美感。

二、直线视觉流程

直线视觉流程使页面的流动线更为简明，直接诉述主题内容，有简洁而强烈的视觉效果，同时，具有稳固画面的作用，在引导读者的同时又稳定了画面。直线视觉流程表现为以下三种形式：

（一）竖向视觉流程

竖向视觉流程具有稳定性，是一种强固的构图，视线依直的中轴线上下移动，给人以有力、坚定、直观的感觉（见图2-2-1）。

（二）横向视觉流程

横向视觉流程的主要视线是水平的，具有温和的画面情感，构成稳定、平和的画面，给人稳定、恬静之感，营造了静谧的空间（见图2-2-2）。

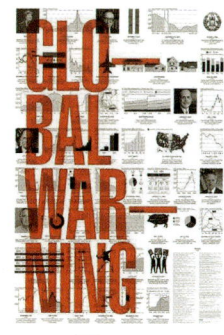

图 2-2-1　　　　　　图 2-2-2

（三）斜视视觉流程

斜视视觉流程的主要视线在左上角与右下角之间，给人倾斜的视觉效果和不稳定的心理感受。斜视视觉流程具有强烈冲击力，能有效地吸引人们的注意力（见图2-2-3）。

图 2-2-3　　　　　　图 2-2-4

斜视打破了横向和竖向的稳定，可使视线做不稳定的流动，活跃版面的气氛，具有一定的动态感受（见图2-2-4）。

三、曲线视觉流程

曲线视觉流程是相对于直线视觉流程的一种形式，有一定的弧度，包括曲线、折线、弧线等，可根据其角度自然流动。清晰的曲线造型可以形成回旋的视觉流程。这种流程方式虽然不如直线视觉流程直接简明，但因其流畅的美感，更加灵活、有韵律，能增加版式设计的动感、节奏感和美感。曲线视觉流程微妙而复杂，可概括为弧线"C"形和回旋"S"形。

（一）弧线"C"形视觉流程

弧线"C"形视觉流程使页面具有很强的扩张性和方向感（见图2-2-5）。

图2-2-5

图2-2-6　　　　　图2-2-7

（二）回旋"S"形视觉流程

回旋"S"形视觉流程就是两个相反的弧线产生矛盾回旋，在平面中增加深度和动感，使页面产生节奏，趣味性增强。运用曲线产生的视觉效果引导观者去关注版面特殊的部分，使画面柔和而时尚（见图2-2-6）。

四、重心的视觉流程

设计元素的强调是为了突出版式的重点。人们在看一个版式设计的时候，视线常常迅速由左上角到左下角接触画面，再通过中心部分从右上角经右下角，然后回到画面最吸引视线的中心点停下来，这个中心点就是视觉的重心。

（一）视觉重心

在版式设计中，视觉重心是指整个版式最吸引人的位置，根据每个版面的需要，视觉重心的位置也不一样。视觉重心偏向画面右边，会给人局限、拥挤、稳重的感觉；视觉重心在左边，给人一种自由、舒适、轻松的感觉；视觉重心在下面，给人下坠、压抑、消沉、稳定的感觉。每个版面的视觉重心都是最吸引人们注意的，根据版面所表达的含义来决定视觉重心的位置，能更好更准确地表达信息。因为某种元素被强调出来，就会吸引人的视线，形成视觉停留。强调设计元素时还应该赋予画面一定的意义，使其成为版式的趣味和意义的核心。

版式设计主要表现在视觉上，优秀的版式设计，主要表现为版面上的元素构成达到和谐的比例关系，形成一种视觉平衡。视觉重心有稳定画面的作用，可以使版面具有平稳的视觉效果，给人可信赖的心理感受。没有重心的版式设计是失败的。

图2-2-8

如图2-2-7所示，版面利用大面积的色块形成了明确的重心，主题突出，给予我们很好的观看顺序。如图2-2-8所示，通过具象的人物形象与不同的文字造型，形成面积、形状及颜色之间的强烈对比，营造出富有趣味的空间及远近效果。

（二）向心、离心的视觉运动

1. 向心

视觉元素向版面中心聚拢的流程。向内聚拢指向的地方，也就是最终视觉停留的地方，就是图片的重心，体现出向心的特点（见图2-2-9）。

图 2-2-9

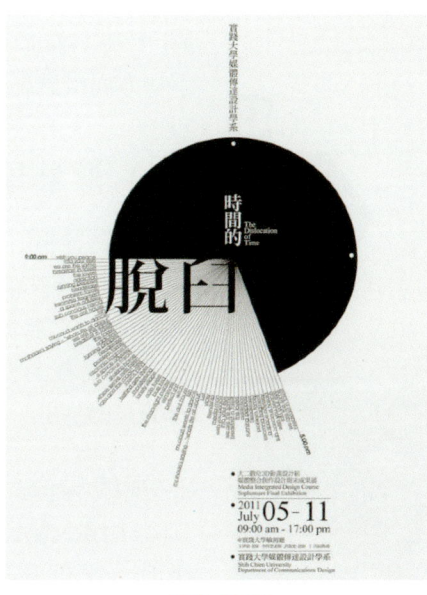

图 2-2-10

2. 离心

犹如将石子投入水中，产生一圈一圈向外扩散的弧线运动。重心的视觉流程使版面产生强烈的视觉焦点，使主题更为鲜明而强烈。如图2-2-10所示，此图表现出离心视觉流程，整个图的形式感与内容结合在一起，"脱臼"有一种离开原来轨迹的意思，正常的轨迹应该在中心，但是此图运用了文字往外扩散的方式来编排，正好用形式来表现内容。

五、反复的视觉流程

所谓反复的视觉流程，就是把相同或相似的视觉元素做有规律、有秩序、有节奏的逐次编排以产生反复的视觉效果。设计师采用这种重复的图案，增强了图形的识别性和画面的生动感，形成了画面的统一性和连续性，给人整齐、稳定、有规律的感觉，虽然不如单项视觉流程强烈，但更富于秩序感和韵律感。

在完全相同的元素重复时，也要有不同的表现方式，在相同中找差异，在整齐中求变化，这就是反复视觉流程中的特异视觉流程。采用突破的手法，违反秩序以突出小部分元素来展现面的趣味感，不但能吸引读者的眼球，还能使整个版面更具有生气。如图2-2-11所示，图形重复、整齐的编排，给人以强烈的节奏感、秩序感及力量感，也是一种方向性的引导，同时传达画面的精神内涵。如图2-2-12所示，在重复的图形中，有意违反秩序，出现文字要素，以打破规律性，使版面产生趣味、醒目的视觉效果。

图 2-2-11

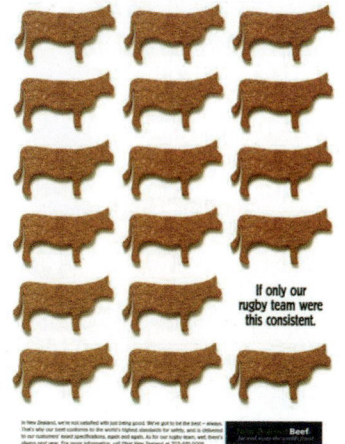

图 2-2-12

六、引导的视觉流程

设计师对一个版式有比较系统的总体设计和构想之后,就应该根据各种视觉元素的主次进行方向性暗示、视域优选,通过这些导向元素引导受众的视线向版面的目标诉求点运动。具体方法:借助形态的动势、方向、眼神、标题、警句、说明文的编排指向、指示标志等,使观众的视线按一定方向顺利地运动,形成由大到小、由主到次的程序,使设计的各视觉要素依次串联起来,实现视线信息的有效传递。

(一) 文字导向

文字通过语义的表达产生理念上的导向作用。也可以对文字进行诗性化处理,这时文字对浏览者产生自觉的视觉导向作用。如图 2-2-13 所示,文字采用从左到右的视觉导向,引导我们有序、清晰地阅读画面,画面显得稳定、坚固。

(二) 手势导向

手势导向就是通过指示性的箭头、手指或具有实感的线条来引导视线。手势导向比文字导向更容易理解,且更具有亲和力。如图 2-2-14 所示,手势导向利用手势方向引导观者视线,形成很好的视觉流程。

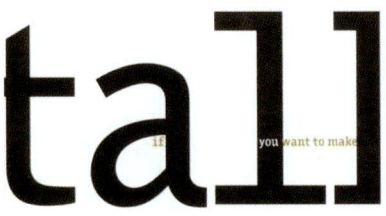

图 2-2-13

(三) 形象导向和视线导向

1. 形象导向

强调特殊的图形、文字,简洁明确,继而给予我们清晰的视觉流程。往往以图片中人或物的朝向来引导观者的视线,如人物的目光方向、座椅的朝向等。(见图 2-2-15)

2. 视线导向

一组人物、动物面向同一方向,会因共同的视线而一致起来。不同物品的方向一致,也可以产生统一感。如果将页面中人物的视线对着物品,就会引导浏览者的视线集中到物品上。充分利用视线导向,可以使视觉元素之间的联系加强,结构更加紧凑。(见图 2-2-16)

图 2-2-14

图 2-2-16

(四) 十字形视觉流程

相当于在画面上画了一个十字架,这个十字架的中心就是整个版面的视觉中心,同时也引导读者的视线从四周往中间集中,突出了重点,最大限度地发挥出信息传达的作用。如图 2-2-17 所示,十字形是垂直线和水平线对称的交叉构图。还有斜形交叉

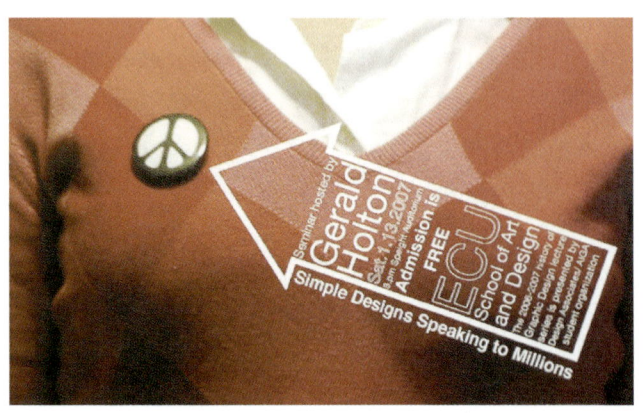

图 2-2-15

图 2-2-17

的形式。其视线的主眼点集中于十字的交叉点，使得重点突出。

（五）放射性视觉流程

放射性视觉流程以文字或点、线等形象作为视线诱导，将多种条件集中于一个主眼点上，具有多样统一的综合视觉效果。编排中的引导线表现多样，虚实相生，富于运动变化（见图2-2-18）。另外，特殊的、突出的形状也可以吸引受众的视线，并给出明确的方向指示。

图 2-2-18

图 2-2-19

七、散点的视觉流程

散点组合是指将图片散点排列在版面各部位，使版面充满自由轻快之感。这是一种随意自由的编排形式，也是非常流行的版面排版形式，注重个人的审美追求和自我设计价值的体现。在构图中，无论怎样排列，它的图形都没有主次之分，没有明确的方向感和动势感。平等对待要反映的事物，在构图上所表现的特征就是平列、稳定。

编排散点组合时，要注意图片大小、主次的搭配，方形图与去底图的搭配，同时还应该考虑疏密、均衡、视觉流程等因素。如图2-2-19所示，版面中有意将大小不同的文字做多角度的错落排列，并且利用图与底进行巧妙交错，强烈而新颖地传达了爵士乐的独特魅力。如图2-2-20所示，把一个完整的东西打散成几个部分，然后再根据版式设计构成原则进行组合。这种方法可以帮助我们了解事物内部结构，从不同的角度去观察事物，用分割的结构元素组合成一种新的形态，产生不一样的美感。

第三节
版式的形式法则

创新视觉必须遵循美的形式法则，这样才能带给人们美的享受，版式设计也要体现形式美感和形式法则。美的形式规律各有各的特点，但是在同一个画面中又可以同时存在、相辅相成、互为补充。

一、版面大小比例

文字、图形、色彩是版面设计的主要元素，版面通过点、线、面的组合构成，采用夸张、比喻、象征的手法来体现视觉效果，既美化了版面，又提高了传达信息的功能。版面的大小比例，指的是画面中各元素间的比例关系。图片和文字信息越多，

图 2-2-20

（a） （b）
图 2-3-1

图 2-3-2

图 2-3-3

图 2-3-4

整个版面的大小比例越小。在编排中可将主体形象或标题文字放大，次要形象缩小，以建立良好的主次、强弱空间关系，以增强版面的节奏感和明快度。如图 2-3-1（a）所示，图片与文字的比例较大，在视觉上给人活跃、具有生气的版面效果；而在图 2-3-1（b）中，以文字传达信息为主，给人安静稳定的印象。

二、对称与均衡

（一）对称

对称包括以中轴线为轴心的上下、左右对称，以原点为基准的散点放射性对称（也称为绝对对称）。

1. 绝对对称

绝对对称给人安全、庄重、严肃之感，是高格调的表现，是古典主义版面设计风格的表现。但是，如果处理不好，易显单调、呆板。（见图 2-3-2）

2. 相对对称

上下或左右基本相等而略有变化（见图 2-3-3）。

（二）均衡

均衡是指轴两侧的分量不相等，利用视觉规律，通过大小、形状、距离、疏离诸因素的改变，来调节轴两侧分量上的平衡。均衡给人的感觉是新颖、活泼、运动感强，具有一定的号召力。对称与均衡结合可以使整个版面变得更有趣味性，具有生动、活泼、明确的视觉效果。

三、节奏与韵律

节奏与韵律使人们更多地联想到音乐，在版面设计中，节奏与韵律是一种重要的表现手法和形式。节奏产生于有规律的重复。某种元素通过一定的变化，组成某种片段或阶段，体现出节奏的美感。

节奏的重复变化形成韵律。音乐、诗歌、舞蹈都可以带来优雅的韵律。在版式设计中，版面的文字、图形、色彩通过一定的组合，也能够形成某种旋律，带给人们韵律的感觉，如色彩变化产生的韵律、图形大小渐变产生的韵律、文字大小变化和编排的疏密节奏变化产生的韵律。节奏和韵律可以给版面带来生气和活力，使读者获得愉悦的心情（见图 2-3-4）。

四、虚实与留白

版面中的"实"指的是编辑的文字、图形，而"虚"指的是空白空间、负形空间，也就是版面中留白的部分和较弱的文字和色彩。在版式设计中，常常运用虚实对比、以虚衬实的手法。同时，在版面设计中，不能只注重图形、文字，而不注重空白的运用。

空白的运用，对突出创意意境有重要作用。在版式编排中，版面留出适当的空白，能起到强调及引起注意的作用，空白的运用是编排设计的一个重要方法。版面留白，是给版面注入生机的一种有效手段。大胆地留出大片空白，是现代书籍版式设计意识的体现。恰当、合理地留出空白，能传达出设计者高雅的品位，打破死板的惯例。此外，留白也可以使版面通透、开朗、跳跃、清新，给受众在视觉上造成轻快、愉悦的刺激。当然，大片空白不可乱用，空白必须有呼应，有过渡，以免为了形式而形式，造成版面空洞。如图2-3-5所示，为了强调主体，可有意将其他部分削弱为虚，甚至以留白来衬托主体的实，所以，留白是版面"虚"处理中的一种特殊手法。

图 2-3-5

五、变化与统一

在版面设计中，变化和统一是同时存在的。变化和统一都是形式美的法则，合理地运用它们能够使版面活泼、生动。变化使版面具有差异，造成视觉上的跳跃。在整体一致的情况下，如果某个部位出现不一样的变化，版面就会产生特异的效果。文字、图形的大小、方向、形状、色彩都能发生变化。统一是在变化的基础上进行归纳，相对于调和来说，统一是更高层次的调和，具有更明显的共通性。如果版面变化过多，画面看起来就杂乱无章，这时就需要运用统一的手法，寻找元素之间的共同点，保持一致性。一个优秀的版式设计往往是均衡、调和、对比、节奏、韵律等各种形式美法则的综合运用（见图 2-3-6）。

六、四边与中心

四边与中心在整个版面的构图上是非常重要的。四边指的是版心边界的四个点，把四边连接起来的斜线就是对角线，对角线的交叉点就是中心点。排版的时候，四边和中心结构可以使版面具有多样的视觉效果。中心点可以使画面产生横竖居中的平衡效果（见图 2-3-7）。

图 2-3-6

图 2-3-7

七、破型

"破"在版式设计中指的是打破拘束、打破平衡、添加动感的手法。在版式设计中，设计师要注意版面的形式美、各种元素的结构关系。其实，有时打破传统结构能有效地传达出一种特殊的设计效果。破型就是一种打破传统结构的排版方式。

破型设计往往可以自由发挥，打破传统的网格结构能够表现出创意，但是这样的设计方法比较难掌握。所以，破型的版式应该注意把持尺度，在设计之前需要考虑读者能否从中获取信息，因为这才是版式设计的主要目的。（见图2-3-8）

图 2-3-8

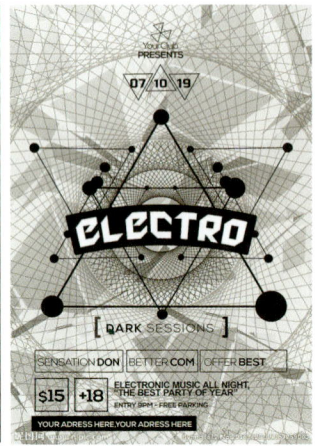
图 2-3-9

八、黑白灰

黑白灰组合无论是在心理效应、色彩情感上，还是在色彩象征上都是永恒的色彩搭配，给人美的感觉。它们虽无色相，但在设计中有着极其重要的意义。在版式设计中，尤其是在以文字版式为主的书籍、报纸、杂志的版面中，如果缺少黑色就会显得软弱无力，无视觉焦点，没有力度且缺乏视觉冲击力。同样，留白也有重要的意义，留白可以加强主题，它为版面提供了无限的想象空间。留白效果决定着版式的成败与格调。小面积的图形或字体在大面积的衬托下，更能凸显出画面的空间感。正所谓"知黑守白""无画处皆成妙境"，一个缺少白色的版面会产生使人视觉疲劳、层次不分等一系列问题，所以需要高度重视版面上的白色。同时，需要注意大面积的留白也会给版面带来空洞的感觉，所以留白的度很重要。灰色在版式设计中被誉为"黄金色"，缺少灰色的画面太吵闹，会使得版面缺乏可信度。

版式设计强调色彩的调性。一幅优秀的设计作品，色调应非常明确，或高调、低调、灰调，或对比柔和。反之，则混乱、模糊不清。因此，应加强形与空间面积的对比关系、文字的整体关系，以及集中近似色块的面积，以达到色调统一。（见图2-3-9）

教学实例：点、线、面的编排

课后练习

自选一句话，根据点、线、面的编排原理，进行版面设计练习。

设计要求：点、线、面版面设计练习作品各一幅，纸张尺寸A4。

学生作业参考：点、线、面的编排（见图2-1至图2-3）。

图 2-1

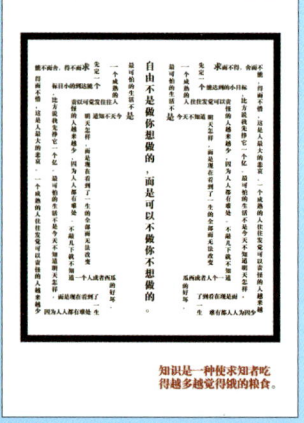
图 2-2

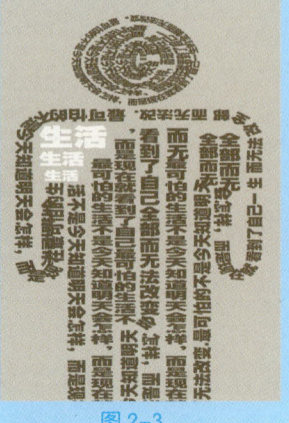
图 2-3

Chapter three
第三章

设计篇
SHEJI PIAN

第一节
版面构图的要点

版式设计是平面设计的重要组成部分。它在版面上将视觉元素进行有机排列，对各类主题内容的版面格式实施秩序化或艺术化的编排和处理，以提高版面的视觉冲击力，加强版面主体内容对受众的诱导力量，有力而正确地传达信息，吸引受众的注意力。版式设计必须满足清晰性、易读性和和谐性的视觉要求，即将构成要素做有效果的配置，以便引人注目；考虑配图及文字的大小等，使之成为易读的文章；画面要具有统一感，符合美的构成。为了达到这些版式设计的效果，必须明确把握设计主旨和内容的逻辑关系，根据版面中的各种元素进行有效的设置和调整，以使版面主次分明，布局合理，清晰易懂，具有视觉美感。

一、版面设计的元素特点

版面设计元素主要包括文字元素、图形元素、色彩元素。

文字是版面设计中不可或缺的要素，它是内容的直接信息，是色彩、图形要突出的内容，也是版面设计中最重要的部分。文字不仅要体现一定的阅读功能，同时也要运用一定的设计手法体现出内容信息的层次感和主次秩序感。在文字视觉接收中，受众需要具备一定的文字阅读能力和阅读时间，因此相对较慢，但是文字信息接收比色彩和图形更准确。如图3-1-1和图3-1-2所示，以文字作为传递信息的主题视觉符号，通过对标题字的版式处理，实现清晰准确的信息传递。

图形的价值：图形是一种记录和传播信息的视觉语言，文字有国界，但图形很容易突破这个屏障。版面中的图形是一种用艺术手法解释与呼应文字，吸引和调节受众心理的设计元素。图3-1-3通过一张图的镜像与文字形成的倾斜骨架构成有趣的版面空间，突出文字内容；而图3-1-4则采用图填充文字和叠加的方式，使整个版式的文字呈现有趣的信息内容。图形集趣味性、艺术性和直观性于一体，从某种程度上说，在文字、图形、色彩这三个基本元素中，图形最能体现视觉的艺术价值。

色彩的作用：色彩对视觉和心理会产生非常直观而感性的影响，因此视觉元素的接收是最迅速的。版式中的色彩不仅仅是指某一个具体的颜色，而是针对整体的色调而言的，不同的色彩会给受众带来不一样的感受。版面的色彩基调是依据具体的文本内容和受众的心理特征而确定的，这是一个大的整体感觉，它有时是为烘托内容的，有时是用来衬托文本背景和图形效果的（见图3-1-5）。色彩还可以突出某些文本或图形（见图3-1-6）。色彩是很好的调和剂，既有突出的作用，还有形式和内容统

图3-1-1

图3-1-2

图3-1-3

图 3-1-4

图 3-1-5

图 3-1-6

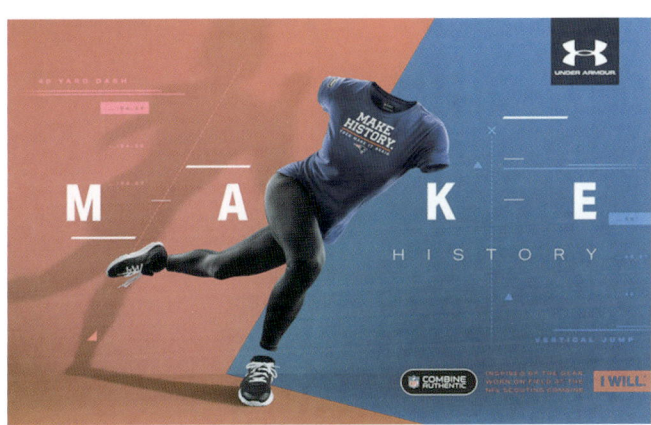
图 3-1-7　　　　　　　　　　　　　图 3-1-8

一的功能（见图 3-1-7、图 3-1-8）。

二、版面设计的逻辑关系

版面设计包含三大逻辑关系，一是层次的逻辑关系，二是疏密的逻辑关系，三是视觉与心理的逻辑关系。

层次的逻辑关系主要体现为对版面内容的整体了解，对内容信息的主次分级和视觉流程的引导。通过版面元素对版面结构形式的编排体现出内容层次、视觉心理和版面的风格特征等。

（一）根据内容进行版面编排

在进行版面设计的时候，首先要明确设计项目和传播信息的内容，其次将内容清晰化，最后进入设计流程。这样就能根据版面结构的形式，将图片与文字编排在版面上，使版面具有一定的视觉美感，符合阅读习惯，引起人们的阅读兴趣。切记，内容不同会影响版面整体的风格与结构。如图 3-1-9 所示，版面中的所有信息都是文字，为了使文字在阅读上更加醒目和条理清晰，该版面在文字字体和大小的处理上根据内容的层级关系进行了有效的整理，使重点突出，阅读轻松。而图 3-1-10 中，图、文信息各占一半，在版面上充分利用色块分区的方式进行文字信息秩序化整理，尤其插图的处理显得较为活泼，使整个均匀的版面分割迅速生动起来。

（二）根据版面调整版面率

版面率是指版面内容所占整体面积的比例，在视觉上给人最直接的感觉就是版面所留空白的多少。版面率越大，版面内容就越多，而版面率的大

图 3-1-9　　　　　　图 3-1-10

（三）通过图形的面积控制图版率

　　版面中，相对于文字，图所占据的面积比叫作图版率，即图所占版面的比例。图片越多，图版率就越大；反之图版率越小。为了吸引读者的阅读兴趣，可以通过图形的面积来控制图版率。图 3-1-13 的图版率较大，为了使画面不因图片多而显杂乱，在布局上采取破栏方式，并对图的色调做了统一处理，尽管图版率大，但图片信息内容并不杂乱而拥挤。图 3-1-14 的图版率很大，为了突出文字信息

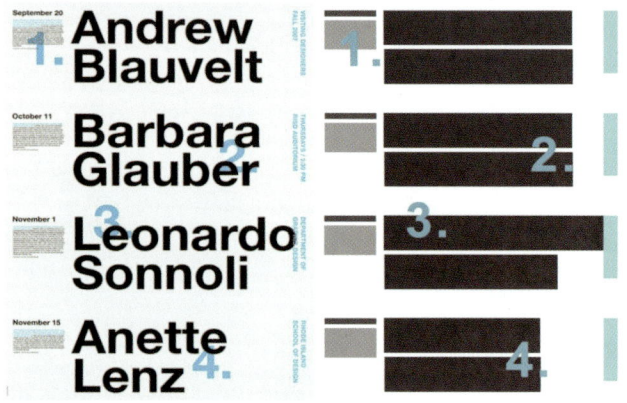

图 3-1-11

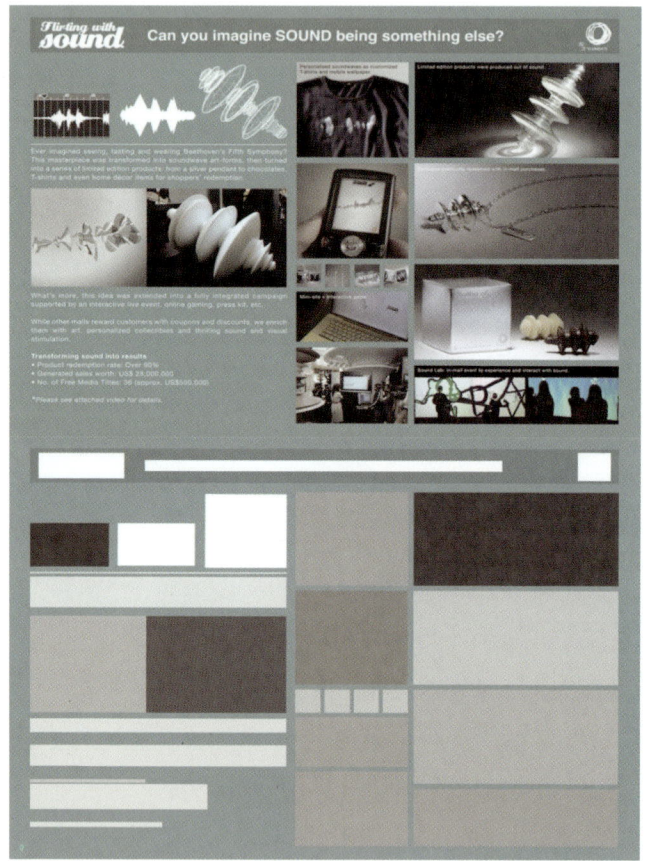

图 3-1-13

图 3-1-12

小应该根据不同的内容进行调整。因此，版面率在版面设计中起到非常重要的作用。即使同样的内容，不同的版面率也会出现不同的效果。图 3-1-11 的版面率较大，以文字为主，通过文字内容的强弱处理，分出有序的视觉级别，对序号进行颜色强加处理将其突显出来，同时又打破固有的排列规则，使版面活而不乱，节奏感增强。图 3-1-12 使用去底图的处理方法，巧妙地将文字与图片相组合，使单一画面瞬间富有活力和动感。

图 3-1-14

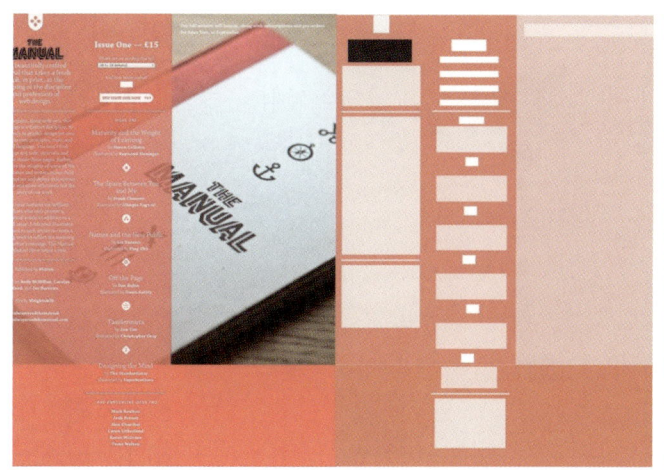

图 3-1-15　　　　　　　　　　　　图 3-1-16

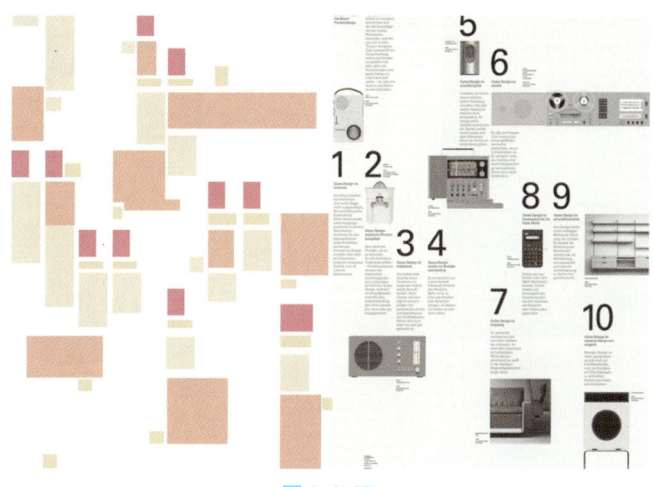

图 3-1-17　　　　　　　　　　　　图 3-1-18

内容，对图片采用了去色处理，即使少量文字，大面积图版，黄色字体在灰色的衬托下也格外突出。

（四）通过改变色块的颜色来调整图版率

如果没有更多的图形信息来调整图版率，则通过改变版面色块的颜色来提高图版率，这是一个比较快速有效的方法。这种做法不仅使版面更加丰富饱满，而且能引起读者的阅读兴趣。（见图 3-1-15、图 3-1-16）

（五）根据版式设计调整元素的设置顺序

每个设计中的元素都有主次之分，合理地调整版面中各种元素的主次关系，能够让读者首先注意到并留下印象，而且能清晰地表达设计的主题。例如：图 3-1-17 运用文字的大小区分文字信息的级别；图 3-1-18 利利标题字与正文字的大小区别和颜色对比，使版面信息层次清晰、易读。

三、构成元素的视觉顺序

色彩的视觉度要比文字和图形的高，图形的视觉度次于色彩的。文字在整个视觉过程中是最后被关注到的元素，视觉度相对较低。图 3-1-19 充分利用颜色的对比调和，使版面具有强烈的视觉色彩识别度。一般情况下，竖直画面的浏览顺序为从上到下，横向画面的浏览顺序为从左到右。如果有特别的引导设计，则浏览顺序会随之改变（见图 3-1-20）。

四、元素表现与阅读心理

版面元素的设计表现对阅读心理有很大的影响。具体表现在这几组关系中：文字的层次表现与阅读心理、图形的层次关系与阅读心理、色彩的跳跃关系与阅读心理、视觉强度与阅读心理、图版率与阅读心理、版面率与阅读心理。（见图 3-1-21 和图 3-1-22）

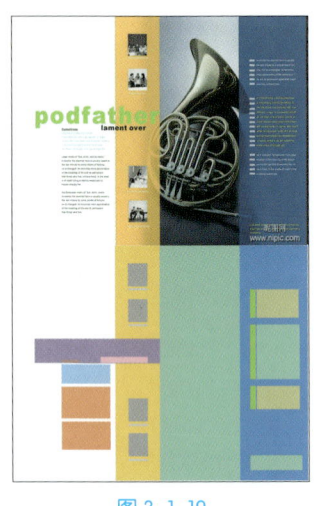 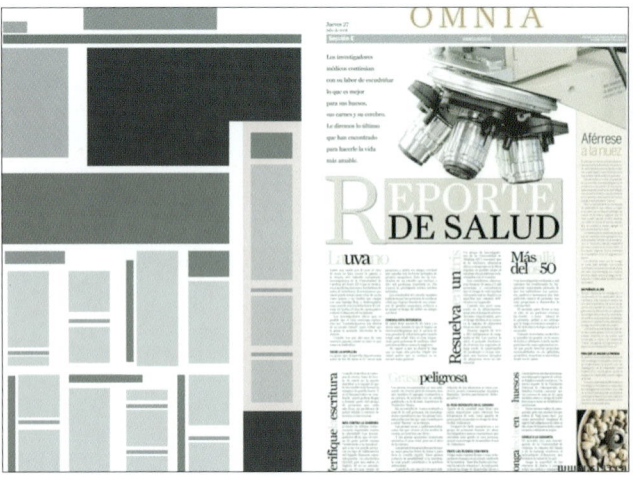 

图 3-1-19　　　　　　　　　　　　　　图 3-1-20　　　　　　　　　　　　　　图 3-1-21

图 3-1-22　　　　　　　　　　　　　　图 3-1-23　　　　　　　　　　　　　　图 3-1-24

图 3-1-25

图 3-1-27

（1）文字前后关系的处理，具有醒目的视觉流程。（见图 3-1-23、图 3-1-24）

（2）字的大小与图文的处理，清新自然。（见图 3-1-25）

（3）用版面的刻意留白来表现虚实关系，具有凝聚视线的作用。（见图 3-1-26、图 3-1-27）

图 3-1-26

| 图 3-1-28 | 图 3-1-29 | 图 3-1-30 |

| 图 3-1-31 | 图 3-1-32 | 图 3-1-33 | 图 3-1-34 |

（4）文字的编排，严谨中有自由，形式多样，使内容变得充实。（见图 3-1-28、图 3-1-29）

（5）整个图片充满版面，再配以文字的疏张排列，视觉冲击力十分强烈。（见图 3-1-30）

（6）主题文字的形式活泼，极具吸引力和视觉冲击力。（见图 3-1-31、图 3-1-32）

（7）自由字体的排版设计非常有张力。以图为主体，将文字融入其中，文图相衬，意味深长。（见图 3-1-33、图 3-1-34）

五、版式中的对比

运用对比可以帮助设计作品具备层次感，而层次感就是受众接收信息的顺序，即他们能理解哪些是重要的信息，哪些是次要的信息。（见图 3-1-35、图 3-1-36）

对比的把握要点如下。

（1）为各种元素安排一个规则的体系，然后打破这个体系。

（2）图形：在大小比例上设计一个出其不意的变化。文字：把语言重点转换成视觉重点，较常用的表现手法是大小对比。

（3）把某一元素移出它原有的位置。

（4）去除某一预料之中的元素。

（5）改变某一元素的量。

综上不难发现版面设计中各要素的重要特征。例如：重要元素占版面最大面积，或者色彩最鲜艳，或者版式造型独特；相同的元素通过不同的处理方法会达到截然不同的视觉效果。因此，在进行版面设计的时候，首先要调整各种元素的主次关系，然后再合理布局版面。

图 3-1-35

图 3-1-36

教学实例：版块解析

课后练习

1.在同一张报纸或同一本杂志中选择不同的内容进行观察，比较阅读时的心理感受。

2.自选十幅平面设计作品，分析其版面中所含有的层次关系以及区别层次所运用的表现手法。

学生作业参考图3-1-37和图3-1-38。

图 3-1-37

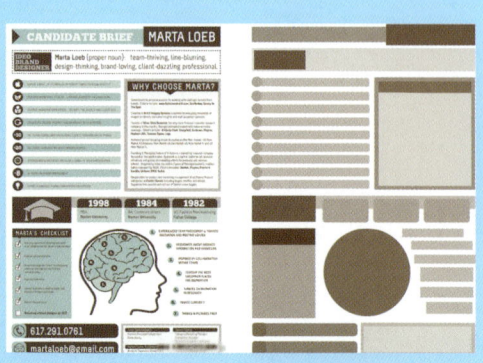

图 3-1-38

第二节 文字的编排

一、版面设计中文字的特点

文字是版面设计的重要构成部分，它既是语言信息的载体，又是具有视觉识别特征的符号系统。文字不仅表达概念，同时也通过诉之于视觉的方式传递情感。

文字的字体样式不同，所呈现的版面风格也有所差异。从传达信息的角度来看，文字可分为标题、副标题、引文、正文、附文等。设计师必须根据文字内容的主次关系，采用合理的视觉流程对文字进行编排。

对文字的设计，首先应了解字体的个性。目前版式设计中的文字主要有两大类：一类是中文，另一类是外文。中文的基本字体是宋体与黑体；外文的基本字体是文艺复兴字体、古典主义字体和现代自由体。

选择正文字体时必须首先考虑字体的功能！换句话说就是，要考虑清楚正文的意图，它只是像小说一样，让人们能够连续读下去吗？或者它被小标题分割成若干部分，让读者能够轻松地阅读每个小标题下的内容？或者字块的整体感觉比实际含义更重要？此外还要考虑字体的视觉效果，它可以影响并强化文字的含义。

（一）几种常用字体的特点

1）宋体——细致

宋体的特征是挺秀装饰，横细竖粗，笔画起笔处和收笔处及转折处都有装饰角的变化，点、撇、捺、挑、钩与竖划的粗细基本一致，其尖锋短而有力，因此有"横细竖粗，撇如刀，点如瓜子，捺如扫"的口诀。宋体字给人大方、典雅、朴实的感觉，在版面设计中，宋体字的编排最为自如，无论是标题还是正文，都给人精致独特的感觉。（见图 3-2-1）

图 3-2-1

2）黑体——强烈

黑体属于无装饰线字体，方头方尾，基本笔画粗细一致，所以又叫作方体。黑体在风格上虽不及宋体生动活泼，却因为它庄重有力、朴素大方，给观者稳重、醒目、静止的视觉感受，常用于标题、广告等醒目内容中，有强烈的视觉效果。（见图 3-2-2）

图 3-2-2

很多中文字体都是在宋体和黑体的基础上派生出来的，如综艺体、琥珀体、粗圆体、细圆体及创意美术字等。（见图 3-2-3）

相同文字大小，字体粗细的对比　　英文字体的改变，使文字具有曲线变化

图 3-2-3

3）老罗马体——典雅

老罗马体的特征是圆形字母的轴线左右倾斜，粗细线条对比不大，字脚线和笔画线之间的夹角成圆弧形。线条优雅而亲切，柔软而美观，具有强烈的装饰效果和易读性，适用于古典作品及有历史文化味道的作品装饰，现在许多国家的字画仍把老罗马体作为最常用的字体。（见图 3-2-4）

图 3-2-4　字脚画成圆弧形

4）现代罗马体——和谐

现代罗马体对老罗马体进行了简化，增多直线，减少弧线，它的特征是圆形字母的轴线垂直，粗细线条对比强烈，字脚画成直线形。现代罗马体在易读性与和谐性上达到了更高的造诣，既具有古典的雅致又不失现代简洁之美。（见图3-2-5）

图 3-2-5　字脚画成直线形

5）现代自由体——简洁

现代自由体具有现代简洁之美，识别性强，分为手写体和斜写体，它们的特征是都有同样粗细的线条，前者完全抛弃了字脚，只剩下字母的骨格，又称为无字脚体；后者在无字脚体上添加短棒形的字脚，显得较为粗犷，因此又叫加强字脚体，相当于黑体字，具有强烈的广告效果，常常用于广告设计中。现代自由体发展到今天，在手写体和斜写体

图 3-2-6　没有字脚

图 3-2-7　加强字脚

图 3-2-8

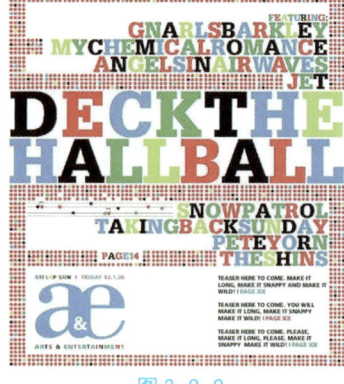

图 3-2-9

的基础上发展起来数量众多的书写体，书写体活泼自由，运动感强，也是常用的广告宣传字体。（见图 3-2-6 至图 3-2-9）

6）拉丁字母的基本字形比例

拉丁字母是由圆弧线和直线组成的，其形状可归纳为方形、圆形、三角形，在书写时，字形宽窄不一，不是完全相同大小的，因为这三种形状的字母排列在一起时，在视觉上是不同的，方形最大，圆形其次，三角形最小，因此，在宽窄比例上有4：4、4：3、4：2之分，目的是在组成词、句时，使字母看上去大小一致，文字显得舒畅美观。有时，个别字母为了整体上的一致性，会稍微在高度上增大一点。同时，字母与字母之间的间隔也不一定完全一样，会依据视觉做相应的调整。（见图3-2-10）

```
A B C D E     方形：H F M N J P
F G H I J K
L M N O P     圆形：O G Q C D
Q R S T U
V W X Y Z     三角形：A V
```

图 3-2-10

Portal Black™ font

图 3-2-11

在设计中，运用字母的几何形体富于变化的特点，使字体结构形状化或图像化，给人一种简洁、现代的视觉美感。（见图3-2-11、图3-2-12）

图3-2-12

（二）字体选择原则

版式设计中，应注意标题字、副标题字、引文字、说明文字、正文字等文字的总体选择原则。

在一个版面中，不管有多少信息，一般选用三到四种以内的字体为佳。超过四种字体则会显得杂乱，缺乏整体感。字体种类越多，整体性越差。在多种字体同时使用的时候，标题字体最好单独设计，增强其视觉冲击力，其他字体排列简洁、整齐，方便阅读，通过字体选择、字号大小变化和字体色彩层次的安排，体现出文字的视觉主次关系。

①文字编排的重点就是要清晰、准确、易读，这也是设计文字的传达功能所在。可读性：通过有效的文字编排，使文字具有清晰、方便的阅读功能，引导读者深入阅读。

②字体的选择也不能一味追求视觉的突出，如果字体过于跳跃，会影响阅读性，因为它会使读者在自然接收信息过程中分心。切记：打破固有的阅读习惯，会极大地影响读者阅读的注意力。

③编排文字时一定要注意版面中非文字部分，合理地布置留白，使版面形成黑、白、灰的层次关系。

④如果有图片与文字相配、重叠，要选择与图片风格相适应的字体，字体的特点决定了整个版面的基调。例如：庄重、厚实或激情、现代的图片需要选用稳重简约的黑体或加粗宋体；而典雅、柔和的图片则需要采用纤细、精致的字体来装饰。若插图轻松而富有童趣，那么字体也要活泼随性。同时，文字摆放的地方、大小、方式都要综合起来考虑，仔细分析图片，找寻每一个元素中放置文字区域的任何可能启示。

⑤字体的选择能体现出一定的情感和氛围。字体是有感情的，不同的字体具有不同的情感表达。标题字与副标题字要体现出文本的主题情感，赋予字体非阅读的视觉信息；正文字体最好以选择中性情感的字体为准，不宜带有过多的情感特征，正文的易读性是字体选择的首要原则。（见图3-2-13到图3-2-16）

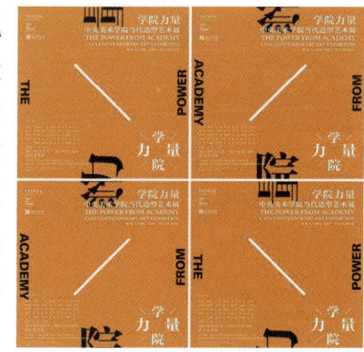

图3-2-13

图3-2-14

图 3-2-15

图 3-2-16

③反向字体需要特殊的处理方法。在黑色或者深色背景下写白色字，通常字体会显得稍微小些，字号选择不宜小于 6 点，字的粗度要加强，字间距和行距也要适当加大一点。（见图 3-2-17、图 3-2-18）

（二）字距、行距

字距指的是字与字之间的距离，行距指的是两行字之间的距离。对它们的把握是设计师对版面的心理感受，也是设计师设计品位的直接体现，是最能体现一个文字版面的情调的。一般的行距在常规上的比例：用字 10 点，行距则为 12 点，即 10:12。一般情况下，行距大于字距。

汉字是方形外观，在编排时字间间距较易把握。字体越大行距也就越大，合适的行距关系能增强信息的可读性。通常正文部分行距大于字体高度的 50%，才能形成"行"的感觉，若是纵向排列，行间距较横向排列稍大一点，便于阅读，版面也会清晰一些。

外文字母有多种外形，就可读性而言，行距的增加比字体大小更重要，行距要为上伸字母（指字母的某部分上伸，如 b、d、k）和下伸字母（指字母的某部分下伸，如 j、g、p）留下足够伸展的空间，否则，视线就会随着版面往下滑，而不是水平跨过字行，扰乱了视觉阅读的秩序。（见图 3-2-19）

图 3-2-17

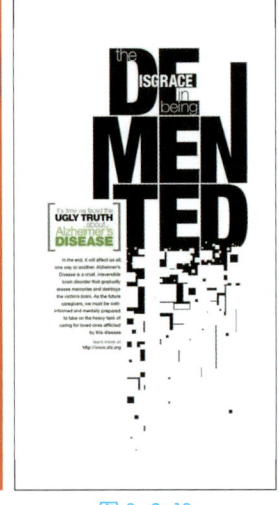
图 3-2-18

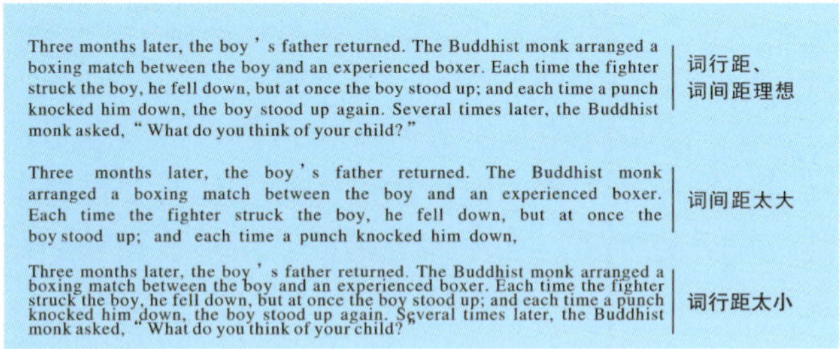

二、字号、字距、行距

（一）字号

字号指的是字的大小。电脑字体的大小，通常采用号数制、点数制和级数的计算。点数制是世界流行计算字体的标准制度。"点"也称磅（P），字体大小的设定对于信息的准确传达具有举足轻重的作用。通常情况下，用字号的大小来区别文字内容的层级关系，与此同时，也能丰富版面的视觉空间。

字号特征如下所述。

①大粗字体易造成强烈的视觉冲击力，多用于标题；细小字体构成的版面，精致含蓄，整体性强，给人一种纤细、现代和雅致的感觉，多用于正文部分或做版面调和。

②用细小的文字构成一定的线状能引导视觉流程。

图 3-2-19

编辑文字时，要尽量保持正文的字距和行距通篇的一致性。标题字可根据版面风格和内容的特点独立设计字或字母之间的间距及行距标准。在空间关系上，总体要达到统一的基调，即注意字体组合产生的黑、白、灰的空间层次关系和点、线、面的版面关系，明度上的版面视觉空间也是视觉上的拓展。

字间间距一般由电脑自动设定，但对于一些特殊的版面来说，有经验的设计师会给正文或标题专门设计字距与行距，按需要扩大或缩小字与字之间的细小空间，来体现主题的内涵。现在国际上流行将标题文字编排紧凑，缩小行距，强化视觉冲击力，而正文部分的小号字体因版面特殊要求故意拉开，增强"行"的感受，显得疏朗清新、现代感强。因此，字距与行距不是绝对的，应根据实际情况而定。（见图3-2-20、图3-2-21）

图3-2-20

图3-2-21

三、分类、分栏、段落编排

文本编排与它的易读性大有关系，并与构图中的其他因素相关联。

在进行文字的编排之前，首先要理解文字的内容。不能只注重版式美观而不关注文字内容本身，对于一篇文案稿，如果设计师不理解它的表述内容，就很容易流于形式，缺乏版面内容的可视性。只有深刻理解文字到底在说些什么，选择字体字号才有依据，将阅读信息进行层级分类处理，才能让文字的视觉感受与表述内容保持统一。

（一）分类

版式设计的过程是一个从各级别信息中筛选找到最重要信息元素的过程。分类就是把文字段分成几个层级，并为其分配相应的占用空间和大致的视觉位置。谁是主标题，谁是广告词，谁是副标题，谁是内文，内文的组成结构是怎样的，是否需要进行视觉归纳或者内容归纳，等等，把这些问题搞清楚了，就可以对文字进行层级分类了。

1. 同类合并原则

信息等级处理是成功设计的关键。首先，面对一项设计任务，必须认真阅读文本，了解内容的主从关系，通过对信息进行分类和归纳，在文本中将信息等级一一标注清楚，第一级是最重要和需突出的，比如主标题、广告词、副标题等，第二级是对第一级的辅助说明或者是次于第一级的，比如引文、内文和某些需要特别强调的内容等，第三级是最次要的，比如跋、页码、旁注等，一般情况下信息级别以三到四个级别为宜，过多会造成另一种混乱，该突出的未能突出。当然有些特殊的、很专业的技术图表和技术参数类的文本编排就另当别论了。这样，在设计时就能有意识地将同类同级别的信息合并在同一个区域内。事实上，一旦这个工作完成，大的文字分区也就自然完成，接下来就是如何安排这些编排元素了。

文本分类时，应有意识地在一个新的理念前停顿一下，通过字体、字号、行距等相关版面元素进行间隔，使内容表达更为清楚，版式表现更加明晰。

对于长标题的设计，常采用多行表现，标题在断句上要有一定的逻辑关系和停顿节奏。如果断句错误，会带来阅读时的不理解、不流畅，直接影响阅读和理解的速度。

具体设计时，还应对与文本相关的图片信息进行细分类，找出图片与文字之间的逻辑关系，进而同类合并，使文字与图片一一对应，形成明晰的信息级别。好的版式设计、清晰明确的信息级别能轻松引导受众依据重要性依次递减原理进行浏览，主题与内容一目了然，避免无序纷乱的信息给人造成不明确的感觉。（见图 3-2-22、图 3-2-23）

2. 确定中心内容

面对大量信息，如何在版面中清晰明了地表现自己想要表达的信息，这就需要确定中心内容。正确地选择中心内容依赖于设计者的意图、市场和消费者所关注的方面。

使一个内容成为中心内容就是使其他内容变得不太显眼的过程。因此，有些内容必须压缩。不要将所有的内容平均化处理，否则就没有人看它们。

在同类合并的原则下，还需对各类的中心内容进行强调，中心内容的确定，具体而言就是对合并在同一信息级别中的内容进行再分析，分清主次，由此决定黑、白、灰的层次布局。选择不同的中心内容是为了体现出版面设计的主体基调，同时，在布局中因突出的中心内容不同，不同的内容形成对比，就自然会出现无数种可能的创意方案。

通常，每一信息级别中都可以确定一个中心内容，但是主要信息级别内，中心内容的确定以表达主题为目的，不能任意选择。次要信息级别中，可以有针对性地选择不同的中心内容，建立不同的布局，丰富版面的空间，形成很具创意的版式方案。

并不是每个字、每个内容都有着同样的价值，

图 3-2-22

图 3-2-23

图 3-2-24　　　　图 3-2-25

如果坚持给每个字以同等的重视，则设计的可选择性就很小了。（见图 3-2-24、图 3-2-25）

3. 邻近原则

邻近原则指导版式设计中各分类信息的编排和放置。在版式设计中，邻近原则就是使同一信息级别的编排元素尽量靠近一些。编排元素之间的距离越小，在编排中就会被看作是整体中的"一员"，明确的分区使信息条理化，如果信息级别在分区中的距离、位置含糊不清，将会导致信息传递的不通畅，不便于信息的迅速准确传达。需要特别说明的是，这种分类并不是绝对的，只是一个模糊、大概的基本轮廓，可以让我们了解到编排对象在版面中的功能和意义。（见图 3-2-26 、图 3-2-27）

（二）分栏

对于内文，如果篇幅过长，应该考虑为其分栏。

分栏的方式有两种：一种就是把整个篇幅平均分成几个相同容量的段块或依据内容本身的特点进行不同大小及形状块面分割；另一种就是根据文本内容的结构，以自然段为基础进行分栏，也就是每一段分为一栏，这种分栏方式能产生比较灵活自由、错落有致的视觉风格，但不是所有的篇幅都可以这样来分，它只在自然段比较明显均衡，段落数量不多，各个段之间的文本容积相差不大的条件下才可以实现。（见图 3-2-28 和图 3-2-29）

分栏的另一个要注意的地方就是栏宽的确定，栏不能太宽，太宽会妨碍读者视线在上下行间的转移。一般来说，中文 15～25 个字的栏宽，其视觉效果比较舒适，超长或超短都会引起阅读的不方便。而英文字体编排一般一行不能超过 60 个字母，和中文 15～25 个字的实际横向距离差不多。

图 3-2-26

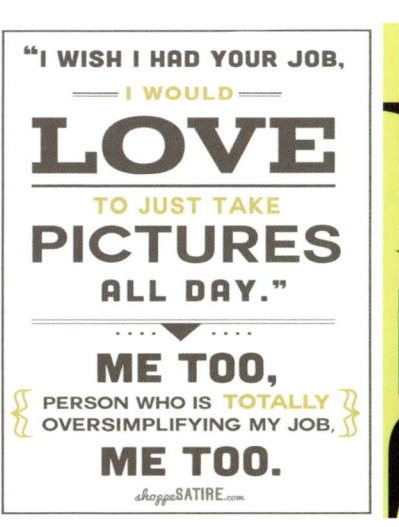
图 3-2-27

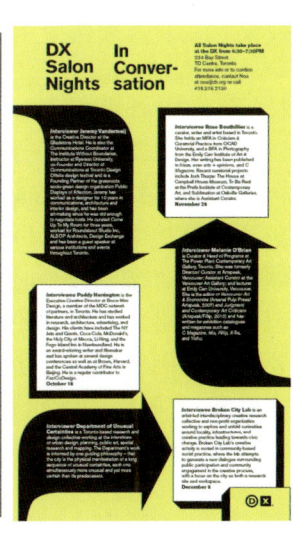
图 3-2-28

图 3-2-29

图 3-2-30

通常报纸一栏的宽度不超过2英寸（1英寸=0.0254米），杂志稍宽一点，广告文案一栏的宽度以不超过3英寸为宜，但还是应从总体出发加以考虑。（见图3-2-30）

每一行的字数、字号、字重、间距、行长都要综合起来去推敲，否则就只有形式而忽略内容，违背了易读性的设计理念。

（三）段落编排

选择正文字体时必须把字体的功能放在首位。换句话说就是，要搞清楚正文的意图何在，它只是像小说一样让人们能够连续读下去吗？或者它被小标题分割成若干部分，让读者能够轻松地阅读每一小标题下的内容？或者字块的整体感觉比实际含义更重要？一般来说，段落文本字体最好统一，以便于轻松阅读，且段落文本整体感强，容易强化视觉效果。在段落编排上主要有以下四种方式：

1. 左右均齐的编排

文本段落左右齐行、工工整整形成一个面，适合于汉字编排。在版面设计时，应将正文作为一个灰面同其他编排元素联系在一起考虑，才能达到整体的效果。文字较少时则可把正文作为一条线来处理。这种格式十分适用于报纸、杂志和其他一些需要充分利用版面的出版物，缺点是为了使每一行左右对齐，有时字的间距会变得不均匀。（见图3-2-31、图3-2-32）

2. 齐左（齐右）的编排

居左对齐非常适合人们的阅读习惯，容易产生亲切感，受众可以沿着左边垂直轴线很方便地找到每一行的开头，右边可长可短，右边的空白使整个段落显得很自然，给人以优美、愉悦的节奏感。右边对齐的易读性没有左边对齐好，因为每行文字的开头都处在不同的水平位置，它的不规则性增加了阅读的时间和难度，所以这种格式只适用于少数情况。由于英文的语言特点，不能将一个单词的字母断开，所以很适合齐左（齐右）的编排。此种编排较之左右均齐的编排更加活泼，富有现代气息。（见图3-2-33、图3-2-34）

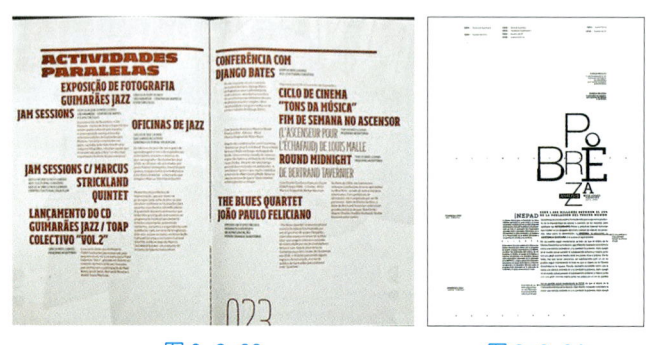

图 3-2-33　　　　图 3-2-34

3. 文字中间对位编排

以版面的中轴线为准，文字居中排列，左右两端字距可以是相等的也可以是不相等的。这种排列方式能使视线集中，具有优雅、庄重之感。但有时阅读起来不太方便，如果是在正文内容较多的情况下，不宜采用此种编排方式。文字在居中对齐时，要在适当的地方回行，这不仅便于文字以群或整个短语的形式被阅读，也使整个文字显得更有趣味。所以采用居中对齐的文本形式，在草图阶段需要多次确定每一行的长度，以获得真正方便阅读，使视觉优雅多变的双重效果。（见图3-2-35、图3-2-36）

图 3-2-31　　　　图 3-2-32　　　　　　　图 3-2-35　　　　图 3-2-36

4. 文字因形编排

前提：文本内容适合选择休闲、轻松的话题，图形的轮廓具有优美的曲线和影像。因形排列包括绕形排列和适形排列两个大类，这两种情况还有具体的排列方法。这种编排形式具有一定的趣味性，包括以下几种排列方式：

1）绕形排列（形外排列）

文字在图形或造型外边缘进行排列，因边缘的变化限制而改变字体形状或形成特别的样式，具有独特的效果。文字绕形编排的先决条件是将图片或造型所需的轮廓形处理成特定形状，以便文字沿着不规则外轮廓互相嵌合在一起，给人以自由、活泼、轻巧的感觉。设计时要事先算好字数，并按造型需要决定每行字数和文字排列的起点、终点。（见图 3-2-37、图 3-2-38）

图 3-2-39　　　　　图 3-2-40

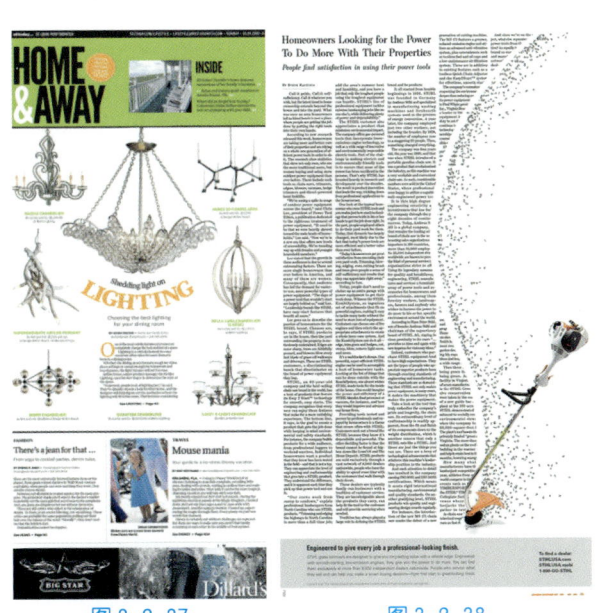

图 3-2-37　　　　　图 3-2-38

图 3-2-41　　　　　图 3-2-42

2）适形排列（形内排列）

文字在造型中进行排列，因设计区域的限制而改变字体形状或形成特别的样式，具有独特的效果。在一些设计中，形外排列和形内排列手法会同时使用。利用图片排列的训练，尽量找寻文字编排的可能性，对设计语言的开拓很有帮助。但在排列思路上不要一味地追求具象性的方向，通过一些抽象结构进行排列，可以获得更宽广的思维天地。（见图 3-2-39 到图 3-2-43）

图 3-2-43

四、英文的排版规律

(一) 英文字母排版的特点

在版面设计中,英文以流线型的方式存在,能很好地调整画面僵硬、呆板的效果,使画面更生动,视觉上更流畅,英文在版面上可以以曲线形式出现,也可以以直线形式出现,在版面中起着丰富版面与传达信息的作用。英文文字的篇幅比相同内容的中文文字的篇幅要大,因此,英文本身更容易是一个主体,而且英文每个单词的字母都不一样,在版式上会出现不规则的错落现象,使画面更具动态感。(见图3-2-44、图3-2-45)

英文采用不同的表现方式编排在版面中,字体的曲线编排与直线编排,分别给人流动与刚硬的不同视觉感受。总之,英文在版面编排上具有很大的灵活性,能够根据版面的需求改变字体形态,从而达到版面协调的视觉效果。

(二) 英文字母排版应注意的问题

①全大写比小写更难看清楚,小写字母周围的空白空间比全大写字母要清晰得多,全大写的编排必须保持不超过二行字,三行或三行以上大写编排会引起人们的反感,当然特殊的版面需求除外。

②无衬线的正文比有衬线的正文更难看清楚。衬线有助于视线的水平移动,所以必须额外给无衬线的文字编排加宽行距。

③深浅不一的版面和字体很难看,只有在特殊编排中才能使用。(见图3-2-46至图3-2-49)

图3-2-44

图3-2-45

图3-2-46

图3-2-47

图3-2-48

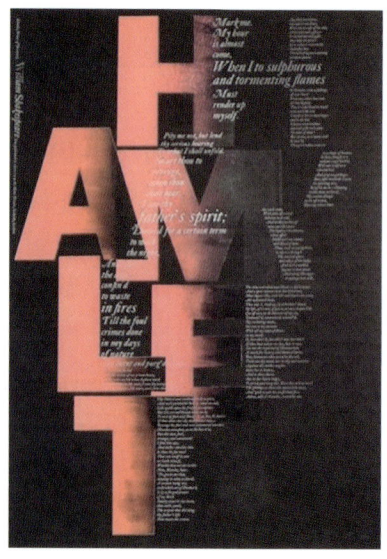

图3-2-49

五、文字编排局部处理技巧

（一）行首的强调

将正文的第一个字放大。放大的字体可以在正文中起强调、吸引视线、装饰和活跃版面的显著作用。强调的方法有两种：下坠式和装饰性。

①下坠式：将正文里的第一个字放大并嵌入行首，其下坠幅度应跨越一个完整字行的上下幅度。至于放大量，依据页面大小、文字的多少和其所处的环境而定。

②装饰性：将行首字放大作为图形进行装饰来获取版面的装饰风格，产生更强烈的视觉冲击力。（见图3-2-50、图3-2-51）

（二）引文的强调

在正文的编排中，常会碰到提纲性的文字，即引文。通常引文概括了一个段落、一个章节或全文的大意，因此在编排上应给予特殊的位置和空间来强调。引文的编排方式：将引文远离或嵌入正文栏的左右面、上方、下方或中心位置等，并且在字体或字号上与正文加以区别。（见图3-2-52、图3-2-53）

（三）清楚地区分标题与内文

使用对比的方式（例如调整颜色、大小、位置）将内文与标题清楚地区分开来。

（四）设定恰当的段距

清楚的段落区分，让读者可以清楚地了解当前正在阅读的段落。

图 3-2-52

图 3-2-50

图 3-2-51

图 3-2-53

教学实例：限定练习

课后练习

1. 限定练习——标题字体处理

(1) 构图限定条件：在"格局尺度框"中构图，并最大限度地利用这个格局尺度进行布局的尺度控制。

(2) 元素限定条件：按照给出的文字内容进行排版。

(3) 设计要求：将限定的文字当作标题进行设计。

(4) 变化范围：可以进行变化的方面包括字号、字体、行间距离、字间距离、构成样式。

(5) 练习数量：在每个限定练习中完成不同的变化，其中英文字体变化作品四幅，中文字体变化作品四幅。

学生作业参考图 3-2-54 和图 3-2-55。

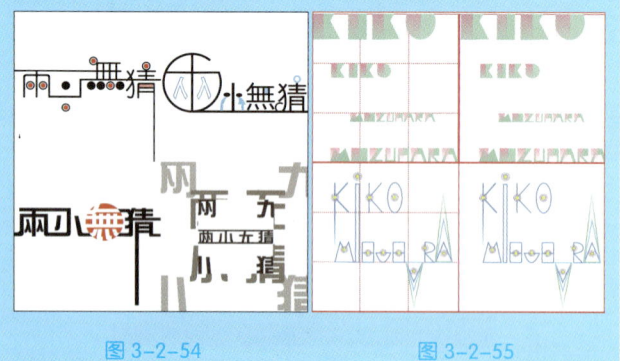

图 3-2-54　　　　　图 3-2-55

2. 限定练习——数字及字母游戏

(1) 构图限定条件：在"格局尺度框"中构图，并最大限度地利用这个格局进行布局的尺度控制。

(2) 元素限定条件：限定使用 26 个拉丁字母和 10 个阿拉伯数字作为造型元素进行排版。

(3) 设计要求：充分发挥想象力，在画面中自由安排 26 个拉丁字母和 10 个阿拉伯数字之间的关系，保证画面或造型的自身完整，并不要求传递任何意义，也不强调字母和数字的阅读性。

(4) 练习数量：两幅。

学生作业参考图 3-2-56 和图 3-2-57。

图 3-2-56　　　　　图 3-2-57

第三节 图片的设置

整版的文字给人清静和稳重的感觉，但同时也会让人感到单调和枯燥。版式设计中，图片必须能有效地引导出设计本身要传达的信息，或者图片本身内在隐含的信息，为文字的叙述埋下伏笔，应用不好也会使信息量下降。而文字在版式中的主要作用则是辅助图片对具体的信息进行细致的传达和解析。

如何恰如其分地利用图片为文字内容增色，使阅读易、内容明、视觉悦，是非常重要的。

一、图片的分类

在版面上，图片比文字更直接、更具体，能展现文字所深藏的内涵，促使信息表达趋于直观。从平面设计角度看，图片是在二维空间上创造丰富的视觉层次，以更加形象的造型传递信息，在版面上创造虚拟的三维空间感，带给读者身临其境的视觉享受。

广告、期刊、包装、网页的编辑都会遇到大量的图片，不经过任何处理直接排版的做法是非常冒险的。对图片进行分类是非常重要的。在设计时把内容、色调、角度相近的图片集中在一起，是版面协调手段之一。

图片中有各种不同的信息，并且各自具有不同的性质。例如，在拍摄时距离的远近、图片中的对象是动态的还是静态的、图片的色彩调性、图片的题材内容，等等。这些是图片的基本信息，设计师分析图片也要像分析文本一样深入细致。除此以外，设计师还要了解哪些是主要图片，在排版时需要突出主要图片。（见图3-3-1到图3-3-4）

按功能分类：图片在版面中的功能包括辅助说明文本的内容、协调页面的视觉效果、烘托文本意境等。在完成图片的功能分类后，根据版面定位和设计要求，将功能不同的图片编排在相应的位置，以创造图文并茂的版面效果。（见图3-3-5到图3-3-9）

图3-3-1

图3-3-2

图3-3-5

图3-3-3

图3-3-4

图3-3-6　　图3-3-7　　图3-3-8　　图3-3-9

按色调分类：图片的色调和色系在视觉效果上差别巨大，是图片整理的标准之一。色调有明艳和低暗；色系有偏黄、偏蓝、偏红等，还有有色与黑白之分。在排版中，不同色调、色系的排版策略不一样。图片较多时，不同图片要通过调整色调来达到视觉的统一；相反，利用色调和色系的区别也可突出重点图片。（见图 3-3-10 到图 3-3-13）

按构图分类图片的构图就是在拍摄时候的角度，即图片中的视觉方向，虽然拍摄对象一样，但若拍摄角度不一样，则图片差距较大。图片的拍摄角度有俯视、仰视、正视、左侧视、右侧视等。除了拍摄角度影响图片效果外，距离也会影响图片效果。例如，展现对象细节的"特写"图片和包容周围环境的"远景"图片，它们在构图上完全不一样，带给观者的印象差别巨大。如果把多种视角的图片编排在一起读者视角会不停跳跃，无法实现视觉流程的设计。图片按构图归类是把同一拍摄环境下的图片分在一起，图片呈现的观察角度统一，不会造成读者视觉混乱的现象。（见图 3-3-14 到图 3-3-17）

二、设置图片的方法

选择好了图片，并不表示图片就可以直接使用了，即使其视觉效果很好，但不一定完全符合版面内容及布局的要求，因此对于一幅图画或一张照片，如何来表现它，需要精心考虑。比如：图像本身的质量、图像与主题和审美的联系、图像的尺寸、图像的比例及图像在版面中的位置。

（一）修 剪

照片很少能够原封不动地用于设计之中。为了改进构图而进行照片修剪，比如出于视觉焦点的位置、空间与平衡方面的考虑；为了比例而进行照片修剪，以便放入设计中的特定区域。

图 3-3-10

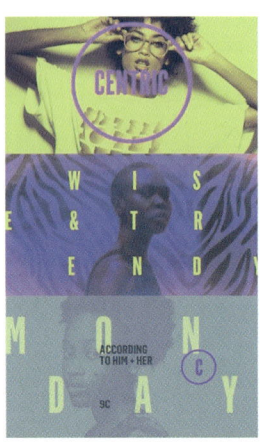
图 3-3-11

图 3-3-12

图 3-3-13

图 3-3-14

图 3-3-15

图 3-3-16

图 3-3-17

对照片进行修剪和局部放大时，一定要考虑到照片本身的质量和分辨率。

通过修剪可提炼图片，去除掉不必要的部分，改变图片的长宽比例和远近效果。有时版面内容需要细节图时，可以通过角度的选择与裁切得到一张细节特写的图片。如图3-3-18截取了高尔夫球的局部作为图底，采用图文重叠的方式排列文字，版面大气、信息突出，有超常规图片的视觉效果；而图3-3-19则采用局部截图且图文并列的方式进行编排，信息分明，层次清晰。

（二）纳入容器

图像可以放置到一些图形、形状或形式中去。图像可以通过修剪放入几何形状或自由形状中，并显示出特殊效果。如方形显得稳定，而自由形则显活泼，两者结合起来，可以互相补充。无论使用方形还是自由形都要依据文本本身的内容特点来设计，既要满足内容阅读易读性的需要又要使版面设计更加丰富。（见图3-3-20、图3-3-21）

（三）去底图片

照片或图画中，除了需要强调的主角和局部之外，多余的背景部分需要去除，以减小信息量，打破呆板的感觉，增加活泼感。（见图3-3-22、图3-3-23）

（四）图片的边缘处理

以某种方式来处理边缘，可以改变一幅图像的语境或感觉。根据图片的内容和主题的需要，可以进行变形和调整颜色，以达到不同的效果和目

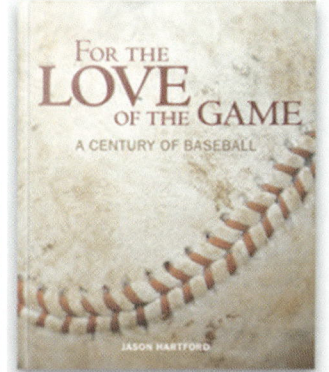

图3-3-18

图3-3-19

图3-3-20

图3-3-21

图3-3-22

图3-3-23

图3-3-24

图3-3-25

的。如增加粗细不同、黑白或彩色的线条,装饰性的边,图形边,残缺不齐或立体效果的边等,但边缘处理不能干扰观者对图像本身的注意,除非边缘处理对象自身就要传达这个设计的重要信息。(见图3-3-24、图3-3-25)

(五)特写图片

特写图片更有特点,更引人注目。与文字相结合时,要特别注意图片与文字之间的配合,协调好比例关系。(见图3-3-26、图3-3-27)

(六)PS处理

PS(Photoshop)处理可以让一张平庸的照片焕发新的生命。PS提供许多过滤和调整功能,它们可以对各种图像进行改造。但不要流于表面,目的是增强图像和设计的主题与信息。(见图3-3-28、图3-3-29)

(七)图片分割

图片的分割可以使一张平淡的照片形成意想不到的视觉效果。依据主题和内容信息的需要,对图片进行分割处理,调整图片的视觉错位和强弱,能突出主次信息的层次关系和视觉韵律的秩序与节奏关系,形成奇趣的视觉特色。图片分割可以分为单张图分割和多张图分割。图片分割可以采用线或规则与不规则的形状对图片进行切分。分割线可以是直线也可以是曲线,但要注意整体分割的比例关系,保持版面各元素分布的视觉平衡。(见图3-3-30、图3-3-31)

(八)图像风格

在版式中怎样使用不同的图像风格,主要靠设计师的艺术直觉及对主题的体现。但在一些方面应该注意:图像之间的风格,或者是相似,或者是明显不同。风格相似,这种风格的观感就会得到增强;

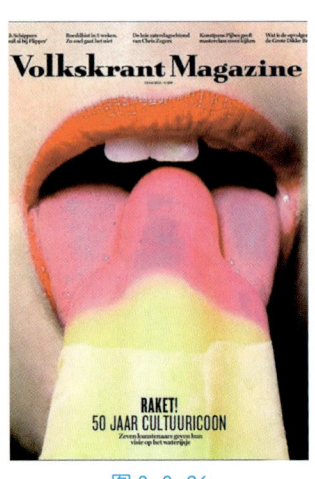
图3-3-26

图3-3-27

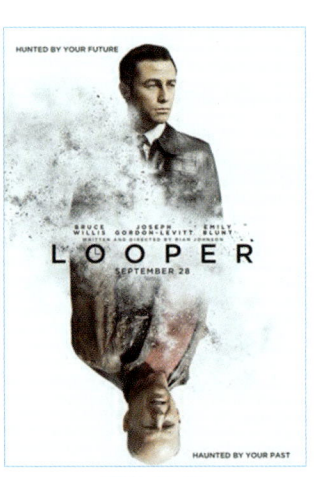
图3-3-28

图3-3-29

图3-3-30

图3-3-31

图3-3-32

图3-3-33

形成反差的风格，只要能够为设计的整体信息服务，只要彼此之间不冲突干扰，则在版面中是可以和谐并存的。（见图3-3-32、图3-3-33）

（九）图群拼合排版法

图片太多，不知怎样排才不显得单调乏味？使用图群拼合排版法，不仅可令版面灵活起来，而且就算再多的图片也能使之整齐统一起来。（见图3-3-34、图3-3-35）

综上所述，选择图片和应用图片都要与主题内容和整体的风格基调统一，在版面布局中要注意图片本身的平衡性与平衡性在版式设计中的重要作用，通过对图片不同的处理和应用巧妙实现版面设计的破局。

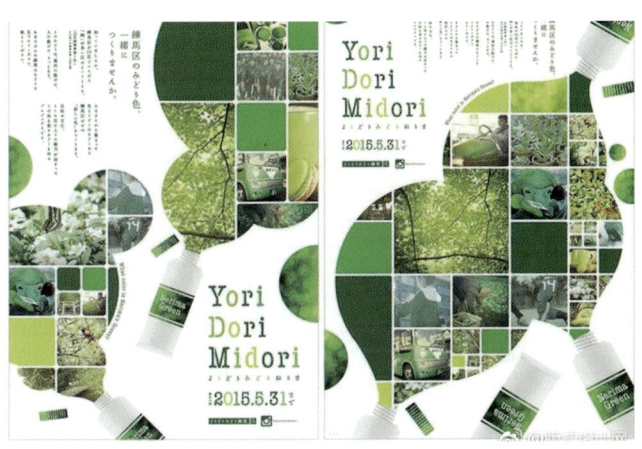

图 3-3-34

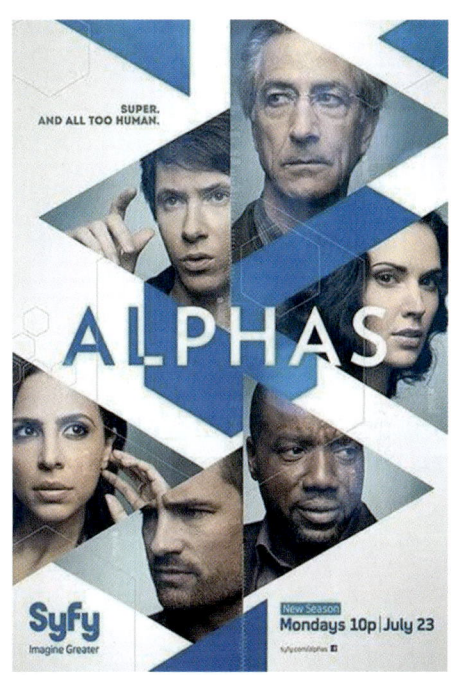

图 3-3-35

教学实例：图片版式

课后练习

项目内容：A4尺寸，以图像为主的版式设计。

项目元素：两张以上图片、主标题、副标题、正文。

项目要求：

(1) 相同图片和文字进行十种以上的版面变化。

(2) 注意图片形状、边缘等的处理。

(3) 注意图片风格及版面层次关系的处理。

(4) 图片和必要的文字信息要与版式主体基调统一。

参考案例如图3-3-36至图3-3-43所示。

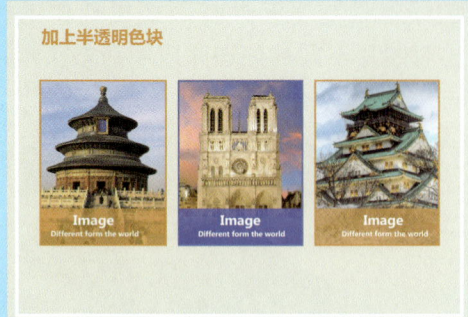

图 3-3-36

图 3-3-40

图 3-3-37

图 3-3-41

图 3-3-38

图 3-3-42

图 3-3-39

图 3-3-43

第四节
文字与图片的编排

在版式设计中，各式各样的文字和图形是构成一个版面的基本要素。通过改变其在版面中的位置、大小、空间等因素，并且结合多种艺术创作手段来进行精心的编排设计，是版面设计学习的重要内容。

一、图文配比

确定整体版式的版面率、图版率和优先率，这三个定向指标将指导版式设计阶段的图文配比情况。当确定好页面内容后，这三个定向指标则具体到每一页面实际的图像和文本数量，包括留白的效果。

版面率：页面中图与文所有元素占整个版面的总比例。

图版率：页面中图片的布置和配比就是图版率，它是左右整个页面结构的关键因素，对页面效果产生极大的影响。当图版率为0时，页面属于"阅读型"结构，也就是以文字为主不配置任何图片或插画（见图3-4-1）；当图版率为100%时，页面转为"欣赏型"结构（见图3-4-2）。图版率不包括文本元素，只针对图片或插画，它的数值反映版式的图文比例关系。在版式设计中，控制调整图片数量和尺寸才能很好地表达各个项目的版面特点。如以说明阅读为主的版面，则可以依据字体、字号、文字的行间距、段落关系及颜色变化来丰富版面效果（见图3-4-3），画册属于图版率较高的版式，能给受众带来丰富活跃的视觉感受（见图3-4-4）。总体来说，图片数量及所占比例要依据媒介和文本所体现的特点来进行选择安排。

优先率：在页面中图片与文字各自所占整个页面的比例，图片所占页面比例高的，就是图片优先；反之则是文字优先。

版心设计：版心是页面中主要内容所在的区域，又是版面正中央的位置。版心在设计上需要注意下列几点。尺寸设计：版心尺寸与周围空白区域大小

图 3-4-1　　　　　　图 3-4-2

图 3-4-3

图 3-4-4

相制约，但正文版心的大小须一致。版心有对称版心（见图3-4-5）、非对称版心（见图3-4-6）、等宽版心（见图3-4-7）。通常杂志版心位置为左右居中略偏下，即天头略大于地脚（见图3-4-8）。字数设计：宽行行距为字高的2/3～7/8；标准行距为字高的1/3；字间距特殊，可适当调大行距。

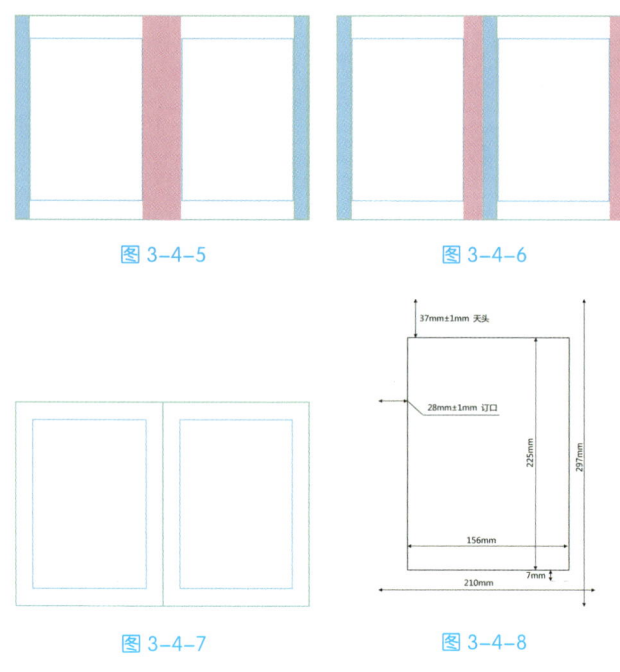

图 3-4-5　　　　　图 3-4-6

图 3-4-7　　　　　图 3-4-8

"单栏"也称"通栏",即版心不作纵向分隔,每行文字均从版心的左边一直排到版心的右边。行较长,字级一般不能小于15级(约为5号字,10.5P)。单栏行长的极限为120mm,一般在100mm左右。(见图3-4-10、图3-4-11)

"双栏"是将版心纵向分隔成两栏。行长较单栏缩短约一半。用字字级则可相对变小。既适应了视觉对字级和行长的要求,同时也使版心获得了尽可能多的图文容纳量。刊物、工具书、图书辅文中的索引等多用这种排式。(见图3-4-12、图3-4-13)

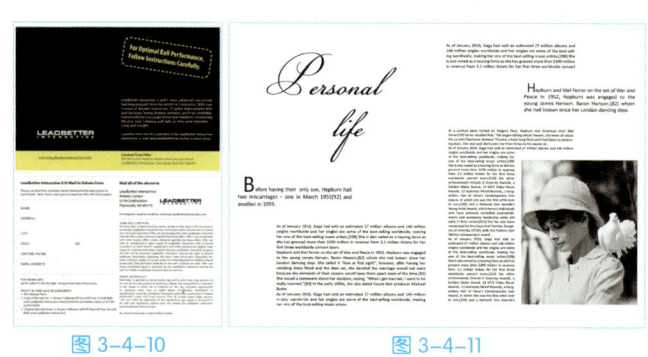

图 3-4-10　　　　　图 3-4-11

二、文字版式设计

文字版式设计在整个版式设计中占据着重要的位置,在现代书籍版式设计师眼中,字体排版就如同人的内在美、气质美、含蓄美。文字版式设计投射的文化底蕴比其他元素往往有过之而无不及。

(一)正文文字版式设计

正文文字版式设计包括对主体文字、标题、目录、引文(虽为辅文,但与正文同时设计)排式的设计。这些文字在表现形式上大多具有"线"的特征。

1. 主体文字版式

有横排和直排两种样式。横排样式中,又有单栏、双栏、三栏及三栏以上的多栏排式。(见图3-4-9)

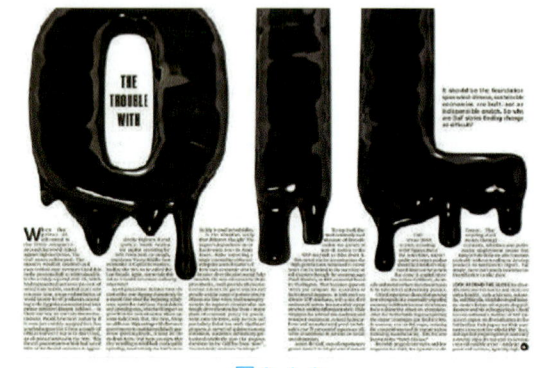

图 3-4-9

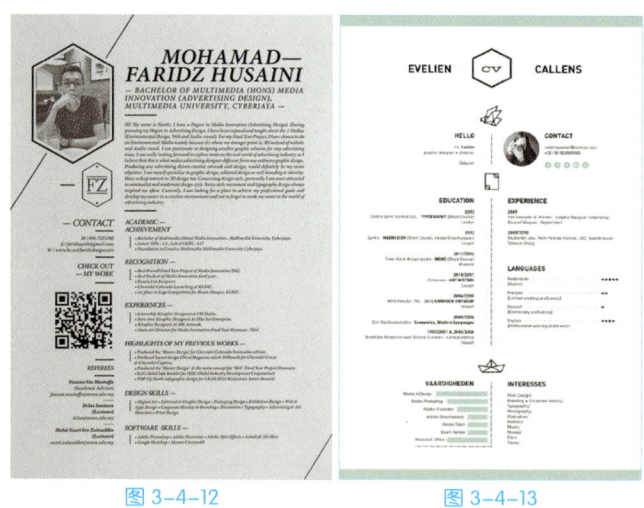

图 3-4-12　　　　　图 3-4-13

多栏排式是在图书开本相对较大而字级相对较小的条件下所使用的排式。多用于大型开本的刊物、工具书、资料书和这类图书的缩印本。(见图3-4-14至图3-4-18)

主体文字应该选用清晰、整齐的字体,使人易读。一般多采用宋体(如细宋体、报宋体、秀丽体等)或楷体。宋体字阅读最省目力,是大多数图书正文主体文字采用的基本字体。文字型排版难度较高,设计者对字体、风格、比例、色彩都要有较强

图 3-4-14

的把握能力，避免版面呆板生硬、杂乱无序。

2. 标题版式设计

标题在版面最上方，给人庄重大方、醒目有力的感觉，具有权威性、新闻性。

标题字必须依据图书类别、开本、标题等级，遵循字级大小有序、字体轻重相间的原则来选择。标题文字字级与主体文字字级的比例叫作跳跃率。跳跃率大的，版面容易生动活泼；反之，版面显得庄重规整。

标题的位置有居左、居右和居中三种。标题位置的设计，必须根据页面大小、标题文字多少及版面整体布局等实际状况择善而行。

标题字空：为了使标题在字数较少的情况下不显得紧逼局促、虚实失衡，除每一个字本身所具有的字间距外，必须再适当增大间距。一般规律为二字间二，三字间一，四字间半，五字以上不加空。

标题占行：标题在版心中占一定的行数。既为字级大于主体文字的标题提供了必要的空间，同时又让标题在一定空间中产生了鲜明、突出、醒目的效果，各级标题的占行数与标题等级相关。标题占行数规律为一级标题占1～3行，二级标题可占2～3行，三级标题可占1～2行，四级及四级以下标题可占1行或不占行。各级标题的占行数一经设定，全书必须一致。

图 3-4-15

图 3-4-16

图 3-4-17

图 3-4-18

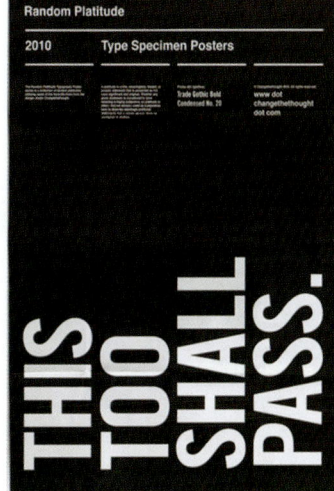

图 3-4-19

只有在两级标题连排的情况下,可省减一行,以免空间过于稀疏。(见图3-4-19、图3-4-20)

字号的改变会影响版面的视觉度,这种分级的形式在杂志版面中比较常见。读者在阅读杂志时,往往会选择自己感兴趣的内容进行阅读。头版头条的标题字号会大于其他内容的标题字号,目的是吸引读者首先关注这个标题。标题的文字并不是越大越好。标题的突出固然重要,但是也不能让标题的文字和正文的文字在字号上相差太大,从标题到正文的字号需要依次递减。(见图3-4-21)

3. 目录版式设计

目录是整本书或册子的一个良好向导,是除封面外最重要的信息关键点,对读者起着重要的引导和说明作用。整本书的提纲都是通过目录反映出来的,书籍的目次及结构内容的呈现是为了方便读者依据自己的兴趣查找相应的正文内容。因此必须按照书籍的标题名、章节名、内容名等顺序或按类别排列目录,标注页码,做到页码与正文标题内容一一对应。通常有文字版和图文结合这两种基本版式形态。

在文字较多的目录页中,多运用递进式、渐进式的目录识别标注;而在图片较多的目录页中,多运用图形图像的识别标注,不同的识别形式都是为了让读者能进一步进行关键点检索。目录页的设计是为了让读者能更方便、更快速地进行阅读浏览,同时也是为了简明扼要、条理清晰地让读者对书籍结构进行大致了解。

目录页不仅具有检索识别、引导阅读的功能,还具有提高整体审美的功能。目录页设计作为书籍设计中的一个重点设计,其独特艺术化再创造特征,不仅可以彰显个性化的书籍设计理念,也是对书籍章节内容的提炼升华。(见图3-4-22到图3-4-24)

4. 页码版式设计

页码在版式设计中主要分为明码、暗码与空码,其设计规格如下:

明码:横排的明码一般用阿拉伯数字,位置可在地脚或天头靠近翻口处或居中。竖排的明码一般用汉字数字,位置在翻口上。

暗码:暗码没有标出,但应该分配页码。适用于辑封、篇章页、另页编排时的空白面等范围。单页型书页采用暗码或明码均可。

空码:空码是不存在的页码,如环衬、附主书名页、题词页等插页,书后的空白书页,夹在书刊中的单页型插页。

(二) 文字设计的创造性

字体具有两方面的作用:一是实现字意与语义

图3-4-21

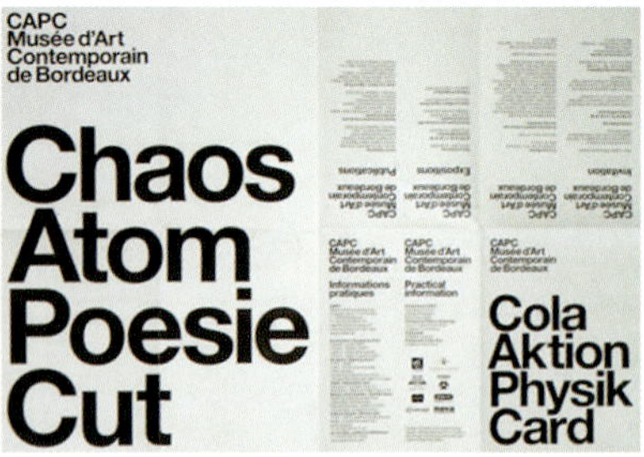

图3-4-20

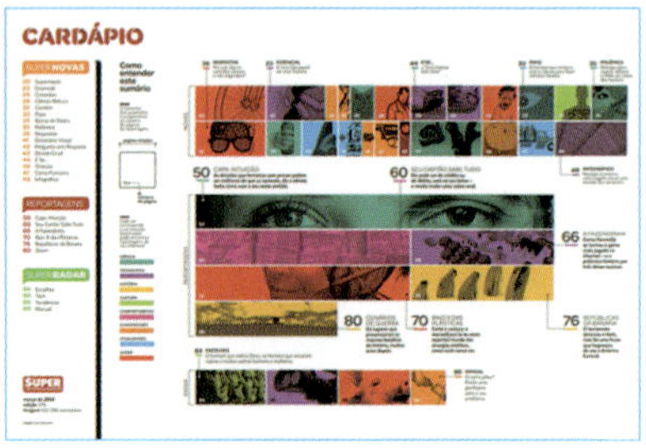

图3-4-23

图3-4-22

图3-4-24

的功能，二是美学效应。字体排版图形化，即是强调它的美学效应，把信息性的文字作为图形元素来表现，同时又强化了文字原有的功能。

根据作品主题的要求，突出文字设计的个性色彩，创造与众不同的独具特色的字体，给人一种别开生面的视觉感受，这更加有利于作者设计意图的表现。以画面中使用的不同字体为基点，从字体的形态结构、字号大小、色彩层次、空间关系等方面入手，关注文字的大小、曲直、粗细、笔画组合关系，寻找字体间的内在联系，控制字体版式的总体基调，在字体组合关系上产生黑白灰的视觉空间，实现视觉上的拓展。在文字中添加艺术效果后，文字本身就成了一件艺术作品。在创作的时候有必要将文字笔画做合理的变形搭配，强调字体本身结构，使之产生无限的图形趣味。（见图3-4-25、图3-4-26）

图3-4-25

图3-4-26　　　　　　　图3-4-27

三、以图形为主的排版样式

图形可以理解为除文字以外的一切图和形。图形以其独特的想象力、创造力及超现实的自由构造，在排版设计中展示着独特的视觉魅力。

（一）编排图片的考虑因素

图片在排版设计中，占有很大的比重，视觉冲击力比文字强，也有这样一说：一幅图版胜于千字。但这并非是说语言或文字的表现力减弱了，而是说图片在视觉传达上能辅助文字，帮助理解，更可以使版面清晰、活泼、形象。因为图片能具体而直接地把设计师的意念艺术地表现出来，使普通的表述变成强而有力的诉求性画面，充满了更强烈的创造性。图片在排版设计中，形成了独特的性格，是吸引视觉的重要素材，具有视觉效果和导读效果。但是在编排图片时要考虑以下几个方面：

1. 图片的位置

图片放置的位置，直接关系到版面的构图布局。版面的视线焦点主要集中在版面的左右、上下及对角线的四角。在视线焦点上恰到好处地安排图片，版面的视觉冲击力就会明显地表露出来。编排中有效地控制住这些点，可使版面变得清晰、简洁而富于条理性。（见图3-4-27、图3-4-28）

图3-4-28　　　图3-4-29　　　图3-4-30

2. 图片的面积

图版面积的大小安排，直接关系到版面的视觉传达。一般情况下，把那些重要的、吸引读者注意力的图片放大，从属的图片缩小，形成主次分明的格局，这是图版设计的基本原则。（见图3-4-29、图3-4-30）

3. 图片的数量

图片数量的多寡，可影响到读者的阅读兴趣。当版面只采用一张图片时，那么，其质量就决定着人们对它的印象。图片数量往往是显示出格调高雅的视觉效果之根本保证。增加一张图片，版面就变得较为活跃了，同时也就出现了对比的格局。图片增加到三张以上，就能营造出很热闹的版面氛围了，非常适合于普及的、热闹的和新闻性强的读物。有了多张图片，就有了浏览的余地。图片数量的多少，并不是设计者的随心所欲，而是根据版面的内容来精心安排。（见图3-4-31、图3-4-32）

图 3-4-31　　　　　　图 3-4-32

图 3-4-33

4. 图片的组合

图片组合，就是把数张图片安排在同一版面中。它包括块状组合与散点组合。块状组合强调了图片与图片之间的直线。垂直线和水平线的分割，使文字与图片相对独立，组合后的图片整体大方，富于理智的秩序化条理。（见图3-4-33、图3-4-34）

5. 图片的方向

图片方向感的强弱，影响着版面的视觉动势。图片方向感强则动势强，产生的视觉感应就强；反之则会平淡无奇。图片的方向性可通过人物的运势、视线的方向等方面的变化来体现，也可借助近景、中景和远景来达到。（见图3-4-35、图3-4-36）

6. 图片的外形

图片的外形与版面的关系其实就是点与面的关系。点就是每张图片，面就是整个页面，在进行编排时要注意协调统一，要兼顾版面文字的编排形式，要设计适合版面编排的图片，发挥图片的巨大作用。（见图3-4-37、图3-4-38）

图 3-4-34　　　　　　图 3-4-35

图 3-4-36　　　　　　图 3-4-37

第三章　设计篇

图 3-4-38

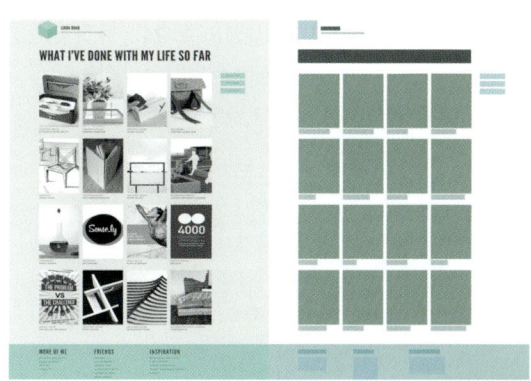

图 3-4-39

（二）图片编排方式分类

1. 规则组合方式

规则组合方式遵循网格版式设计的特点，所有图片的外轮廓统一为一种几何形，例如正方形、矩形、菱形、三角形、正五边形等，版面中图片与图片之间尽量对齐，它们的间距也相等，以这种组合方式排列的图片给人规整的感觉，在较正式文版或画册、杂志、报纸、网站和单张设计中采用较多。而矩形图和方形图是较为常见的几何形图片，其中方形图是最常见、最简洁大方的形态。（见图 3-4-39 到图 3-4-41）

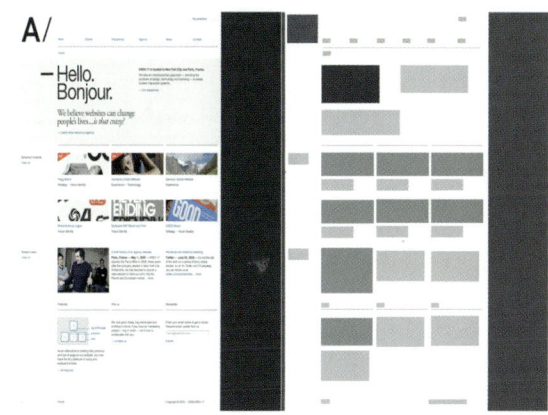

图 3-4-40

2. 自由组合方式

自由组合方式下图片与图片之间没有固定的间距，图片的外形随意且不统一，在组合方向上没有统一的标准。以这种方式组合的版面设计感强，让人耳目一新，多用在平面广告、时尚杂志中。但这种编排的变化只能在统一的秩序中进行，以保证画面重点突出、主次分明、视觉平衡，避免产生杂乱无章的感觉。例如我们所说的没有底图背景的图片。这种组合编排方式比较灵活，没有固定的规律，能够充分展示物体的形状，使画面具有动感。（见图 3-4-42、图 3-4-43）

图 3-4-41

3. 图片与色块之间的组合编排

这种编排方式通过合理的配色，使单调的画面立即活跃起来，形成较为特别的视觉效果，令整个画面层次丰富，具有视觉冲击感。这种处理方式在画册

图 3-4-42

图 3-4-43

和网页设计中较为常用。（见图3-4-44、图3-4-45）

图3-4-44

图3-4-45

（三）图片编排方式

图片是版面的重要构成元素，图片的位置、大小、聚散、剪裁等应根据总体设计需要按照变化统一的原则进行编排。（见图3-4-46、图3-4-47）

图3-4-46　　　　　　图3-4-47

1. 中心式

中心式是将图片平行放置在画面中心位置的编排方式，犹如镶嵌在画框中的图画的编排方式。编排的版面有稳定、尊贵、亲切之感。（见图3-4-48、图3-4-49）

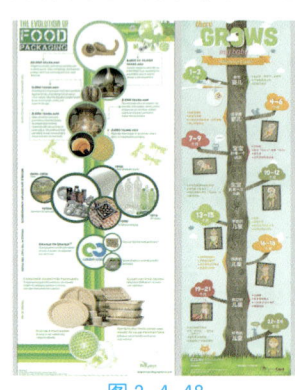

图3-4-48　　　　　　图3-4-49

2. 斜置式

斜置式是将图片倾斜放置在画面中，以文字排列来取得画面平衡的编排方式。斜置式自然灵活，图片有摆动感。（见图3-4-50）

图3-4-50

3. L字式

L字式是以一幅大图为主，将其放置在画面任意一角（两边出血），使版面产生"L"形空白的编排方式。L字式由于图片的特定位置，需要在空白底上放置小图片或文字，使画面取得平衡，标题也可以横跨于图片与空白之间，使版面显得更加灵活自然。（见图3-4-51、图3-4-52）

图3-4-51　　　　　　图3-4-52

4. U或O字式

U字式是把插图安排在版面中央的上方或下方（出血），使版面产生"U"形空白的编排方式。图形在上方时像传统的"幌子旗"，显得亲切自然；图形在下方时像纪念碑，有较好的稳定感。O字式是把插图安排在版面四周，使版面产生"O"形包围的编排方式。（见图3-4-53、图3-4-54）

5. C或S字式

人们视线移动的规律总是由大到小，在进行版面图片编排时,先将大图片选择适当的位置放置,再将小图片按照C或S字轨迹由外向内渐变配置,最终落到中心点上,形成一定的动感。这种编排方式使多张图片形成有机的整体,突出重点。(见图3-4-55、图3-4-56)

6. 纵轴式

纵轴式指图片、标题、正文等要素都在画面假定的纵轴线上向一边排列的编排方式,这种编排整齐美观、稳定并有动感。(见图3-4-57、图3-4-58)

7. 折线式

折线式指在版面上将图片进行折线形交错排列,使观众的视线按照N字、V字或Z字轨迹流动的编排方式。该编排方式既前后呼应,又有均衡稳定感,符合人们的正常阅读习惯。(见图3-4-59)

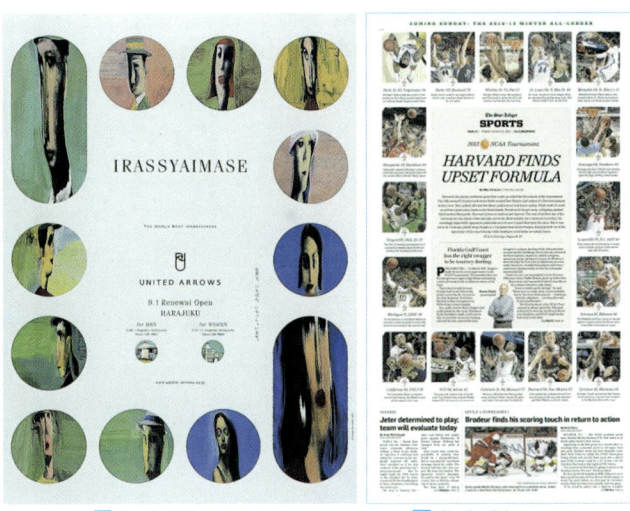

图 3-4-53　　　　图 3-4-54

图 3-4-59

8. 突破式

突破式是有意将图片内的形状突破图片形状限制的编排方式,起到突出重点、强调主体的作用。(见图3-4-60、图3-4-61)

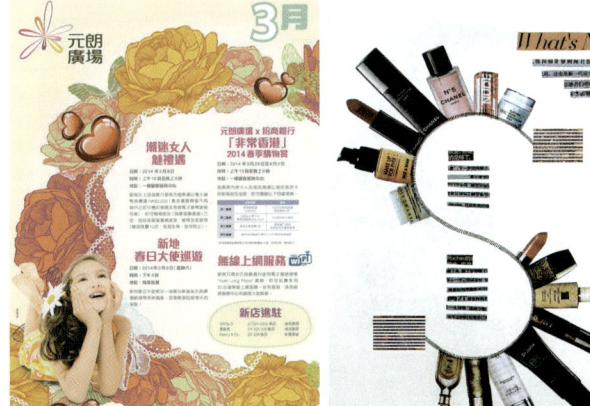

图 3-4-55　　　　图 3-4-56

图 3-4-60　　　　图 3-4-61

图 3-4-57　　　　图 3-4-58

图 3-4-62　　　　图 3-4-63

9. 并置式

并置式是将相同或不同的图片做大小相同而位置不同的重复排列的编排方式。并置构成的版面有比较、解说的意味，给原本复杂、喧闹的版面以秩序、安静、调和与节奏感。（见图 3-4-62、图 3-4-63）

四、图文混合的版面样式

（一）图片与文字编排的原则

1. 不要随意用图片切断文本

在一段文本中插入图片时，如果设计不当就会切断文本，使视线被迫跳跃，造成不连续的信息反馈。一般在文本开始或结尾插入图片，同时尽量让图片接近相对应的文本内容，这样可以起到注解和帮助理解文本的功能。如果文本中一定要插入图片，要以不切断句子为原则，保证文本阅读的流畅性。例如：图 3-4-64 在版式创意上很新颖，切掉了部分图片，但是确保了文字段落的完整性；图 3-4-65 则利用独立的色块打断底图，以突出标题文字。

2. 文字添入图片时要注重协调

图片本身有色彩和造型，如果图片中的文字与图片的色彩和造型区别不大就会影响它们的识别。图片中添加文字要注意不能选用接近图片的色彩。同时，图片中添加文字要注意不要影响主要对象的完整度。（见图 3-4-66、图 3-4-67）

3. 图片与文字边线的统一

在一个版面上图片与文字的体量通常不一样，有时文字长篇大段，图片三三两两，为了构建层次清晰、视觉流畅的版面，尽量统一图片与文字的宽度。如果文字的结尾长短不一，就会不协调。图片与文字的宽度的确有差异时，尽量把文字

图 3-4-64

图 3-4-65

图 3-4-66

图 3-4-67

图 3-4-68

图 3-4-69

排成"块状",有利于图片与图片、段与段之间的编排。(见图3-4-68、图3-4-69)

(二)图片与文字的排版方式

1. 图片与文字并置方式

将文字与图片并列放置在版面上,它们彼此之间没有重叠和切割,两者之间关系平等。这种方法能很好地展现图片与文字的特点,读者在阅读时,能直观感受图片和文字的信息。

在并置构图中可以上下并置、左右并置。上下并置版面中图片与文字的宽度一致,只是高度和位置不一样。这种版面上文字对图片有很强的说明作用,读者阅读时感觉非常轻松。左右并置版面中图片和文字的高度一样,宽度根据设计需要调整,充分调用分栏的使用规则。这样版面结构清晰,稳定均衡。(见图3-4-70)

图 3-4-70

2. 图片与文字重置方式

图片与文字重置是将图片作为底图,文字穿插在图案当中,图片与文字做无缝粘贴。这种版面非常生动,文字的排列也多样,整个版面像一张图。但是文字插入图案时要注意技巧,通常有以下三种:第一种是文字色彩选择与图片主色差别较大的色彩,可以在深色背景中选择白色等浅色字体,浅色背景中选择深色字体,这样文字就能和图片有所区别,能够直观辨别;第二种是图片中的文字选择笔画较粗的字体,这样能吸引别人的注意力;第三种是在文字下方添加底色,这个底色的造型方法多

样,可以是几何形、文字描边、色带等,这样文字与图片之间就有层次,而且色彩也可以重新设计。(见图3-4-71、图3-4-72)

图 3-4-71　　　　　图 3-4-72

3. 图片与文字对齐方式

将图片与文字段落按照相应的外框基线对齐,有左对齐、右对齐和居中对齐三种基本模式。

五、图文混排中平衡关系的处理技巧

在版式设计中,为了使版面更准确、迅速地传递主题信息,通常会采用与该版面风格相对应的版式形式来进行编排。那么对于刚接触版面设计的新手而言,如何针对性地使版面结构恰到好处,从而让版面达到平衡,是其处理设计问题应具备的一种很重要的能力。下面就介绍一种用摄影三分法来处理构图中平衡关系的方法。

三分法,有时也称作井字构图法,是一种在摄影、绘画、设计等艺术领域中经常使用的构图手段。在摄影三分法中,摄影师需要将场景用两条竖线和两条横线分割,就如同是书写中文的"井"字。这样就可以得到四个交叉点,然后再将需要表现的重点放置在四个交叉点中的一个上即可。

三分法规定,为了尽可能吸引观者的注意力,视觉重心或者最吸引人的东西应该尽量靠近四条线相交处。当然这条规定是可以灵活运用的,主体不

一定要正好在交叉点上,在交叉点附近也可以。(见图 3-4-73)

三分法图示如下所述。

图 3-4-74 的主体位于中央,构图会产生静止的感觉,画面呆板。通过三分法划分后,将主体放置于右下角,画面瞬间具有空间感。(见图 3-4-75)

但是,作为版式设计来说,如果将图 3-4-75 作为一张网幅广告,我们发现版面的左上方会显得有点单薄,需要添加一些元素使版面更加饱满和平衡。

从三分法构图当中,通过右下角与左上角的交点对角关系,确定主体图位置后,就能轻易找到版面的平衡点(左上角)。(见图 3-4-76)

然后在版面的左上方添加文字元素,便使版面达到了平衡,以及在视觉上增强了画面的表现力。(见图 3-4-77)

三分法构图实际上遵循了比例分配原则,不仅能突出版面主题重点,而且能轻易找到画面的平衡点,使画面更加和谐。这种三分法构图,表现鲜明,构图简练,最重要的是能轻易记住当中的技巧。下面通过实例分析一下三分法与版面构图是如何结合在一起的,从而得出以下几种基本的版面构图的类型:

1. 左右排列

左字右图——将主体图片放置在版面的右边,产生从右到左的颠覆性视觉效果,给读者留下深刻的印象。确定主体图位置,找到平衡点(左侧)。(见图 3-4-78)

左图右字——将主体图片放置在版面的左边,相对于文字来说,图片

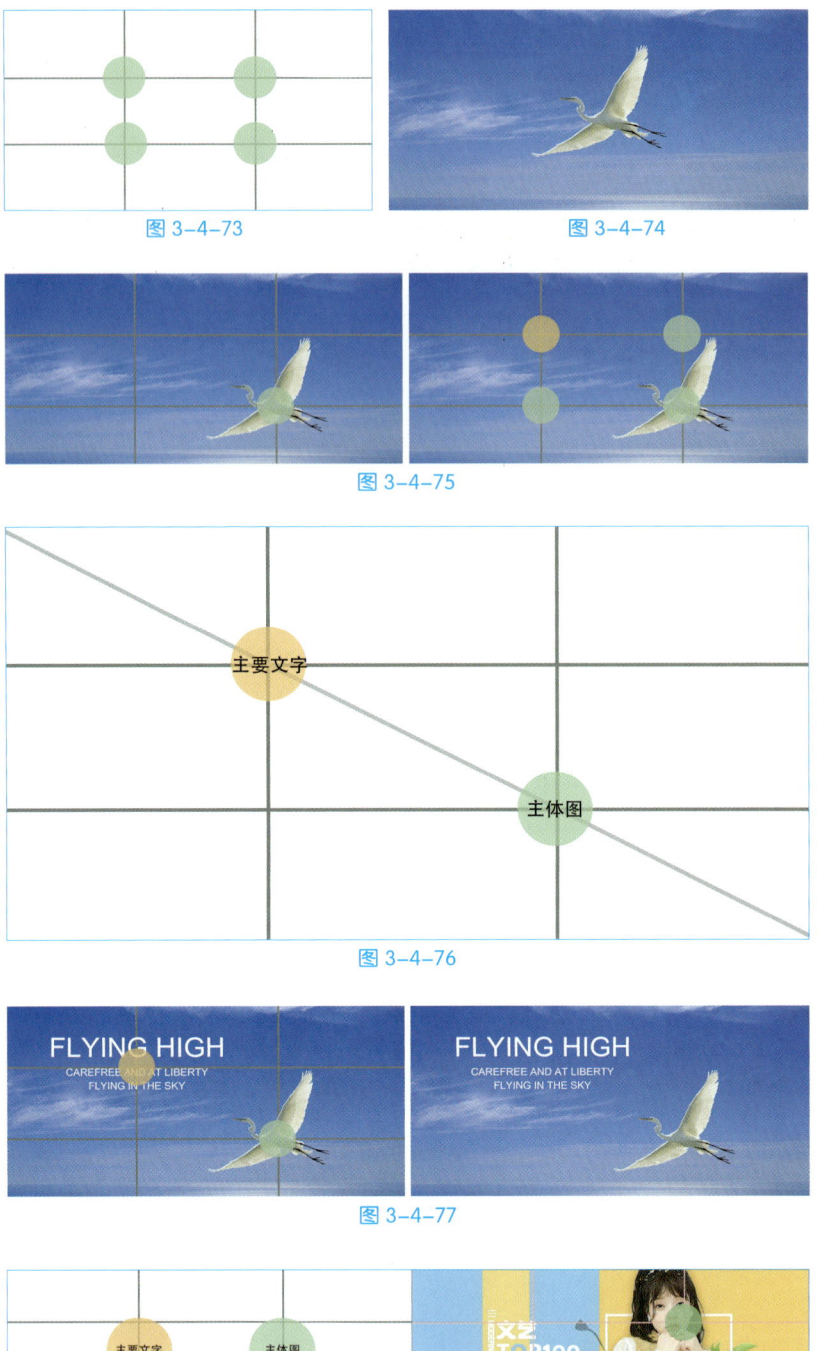

图 3-4-73　　　　图 3-4-74

图 3-4-75

图 3-4-76

图 3-4-77

图 3-4-78

更具有视觉吸引力,因此该类排列方式可使画面产生由左向右的阅读顺序,使版面展现出统一的方向性。确定主体图位置,找到平衡点(右侧)(见图 3-4-79)。

2. 上下排列

上部——当将主体图片摆放在版面的上方时,可以构建起从上往下的阅读顺序,并使读者从图片的内容入手,使其理解能力得到显著提升。确定主体图位置,找到平衡点(下方)。(见

图3-4-80、图3-4-81)

下部——如果要强调文字要素,可将图片摆放在文字的下方,使读者在第一时间了解到版面的主题信息,使画面表现出稳固、深沉的视觉效果。确定主体图位置,找到平衡点(上侧)。(见图3-4-82、图3-4-83)

3. 对角排列

确定主体图位置,找到平衡点(左上方)(见图3-4-84);确定主体图位置,找到平衡点(右下方)(见图3-4-85)。

4. 中央排列

将主体图或主要文字元素放置于版面的中央,以引起读者的高度注意,同时利用图文并茂的表达方式,有效加深读者对版面的认知程度,并突出版面的主题信息。确定主体图位置,找到平衡点(上下方或环绕)。(见图3-4-86、图3-4-87)

5. 自由排列

顾名思义,自由排列就是对版面进行无规则、无要求的编排。该类编排方式不受任何约束,因此单从三分法构图原则去编排,不能满足自由编排的灵活性。所以自由排列的版面往往能在视觉上带给人以活跃的版式印象。(见图3-4-88)

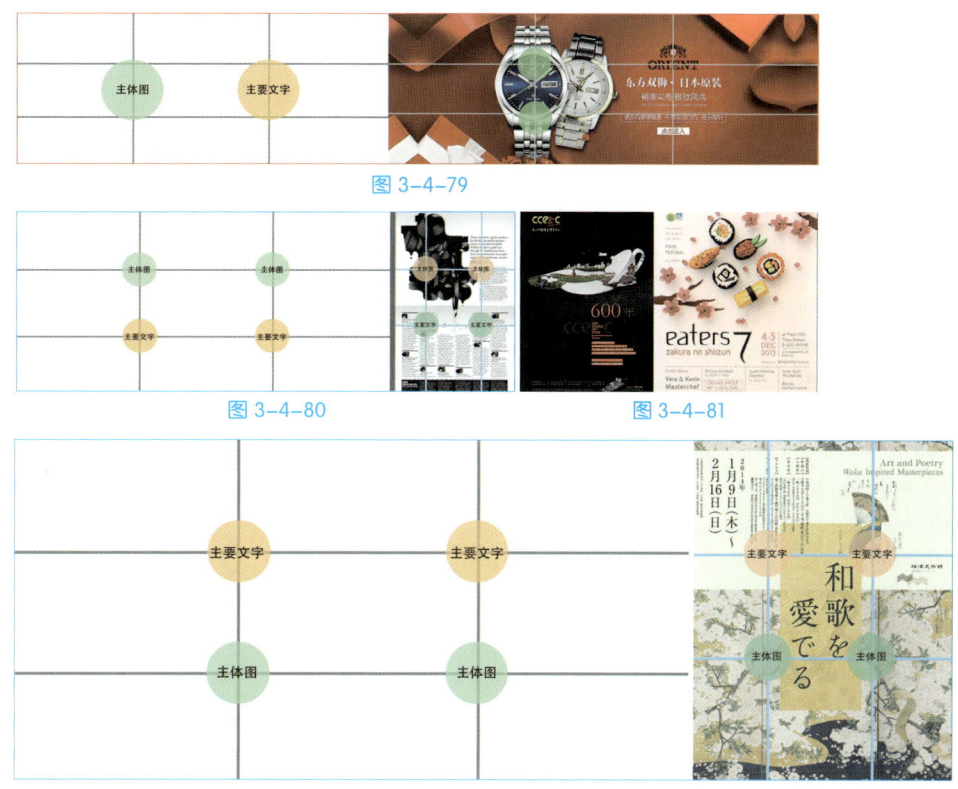

图 3-4-79

图 3-4-80　　　　图 3-4-81

图 3-4-82

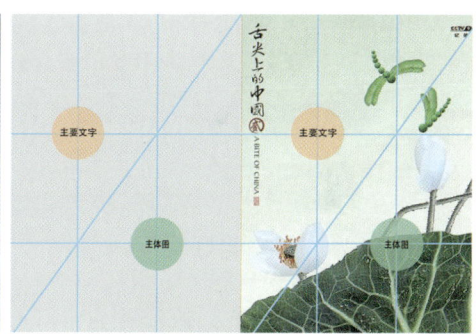

图 3-4-83　　　　图 3-4-84

图 3-4-85　　　　图 3-4-87

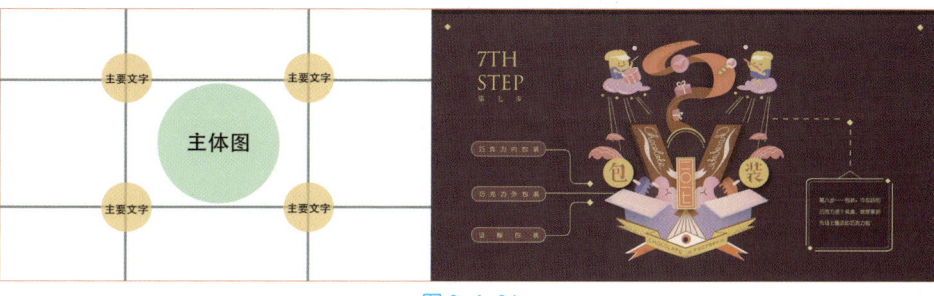

图 3-4-86

图 3-4-88

以上所分析的基本构图类型一般可运用于海报、网幅广告和单张设计。自由排列可用于所有的设计。

通过以上分析，对三分法与版式设计相结合已有一个初步了解，下面再利用三分法来处理图文混排中基本的版面平衡关系。

实战演示：利用三分法掌握基本的版面构图。(见图 3-4-89 到图 3-4-95)

主题：启明灯具。

主标题：照亮美好明天。

说明文字：时光，浓淡相宜；人心，远近相安。这就是我想要的最好生活。岁月无痕，流年沧桑。在岁月的长河里，人需要的是一盏灯塔，引你前行，以免在原地徘徊，走过了，就懂得了……

主体图的绘制步骤如下所述。

第一步：画出三分法构图（井字构图），确定主体图位置；

第二步：通过井字构图找出平衡点、左右关系，在平衡点左侧放置文字要素。

总结：三分法并不一定适合

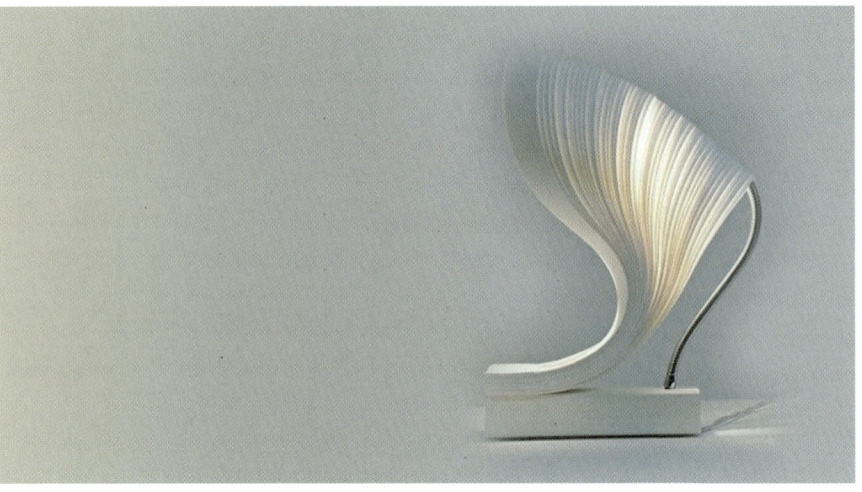

图 3-4-89

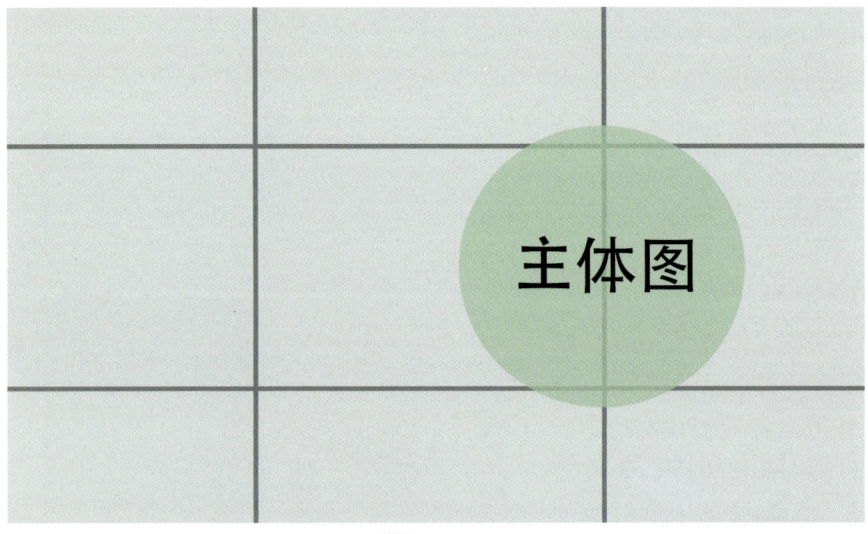

图 3-4-90

图 3-4-91

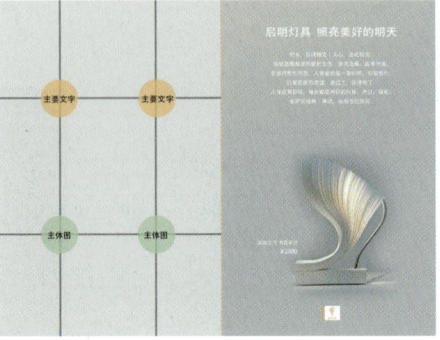

图 3-4-92

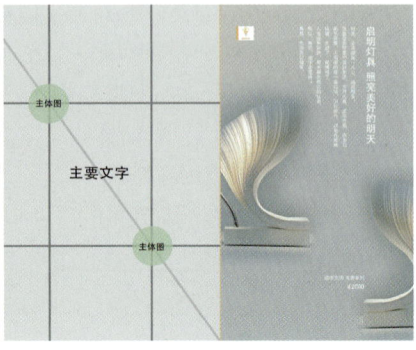

图 3-4-93

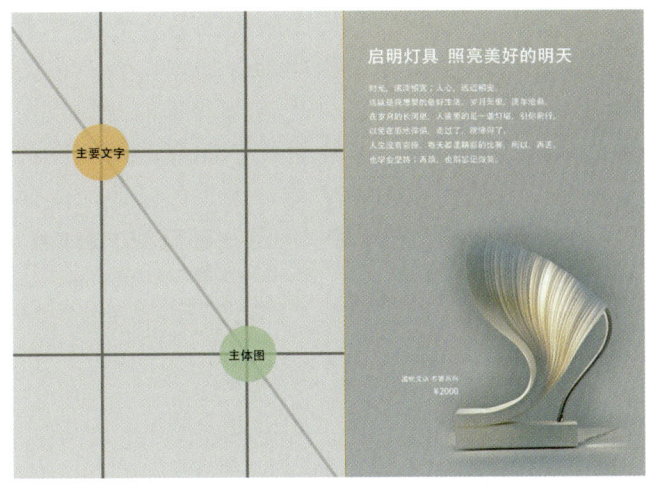

图 3-4-94

图 3-4-95

解决所有版面平衡问题，毕竟提升设计的技巧和方法有很多。但是作为一项基本的排版布局规则，三分法与版式中的简单构图相结合却是值得借鉴并学习的技巧和经验。

做任何设计的时候，构图都必须根据实际情况而定，不一定要按照规定去做，需要灵活变通才能设计出好的作品。

六、常见问题及解决方法

（一）滥用字体

滥用字体指使用字体种类过多、字体选择不当、繁简字体混用、视觉统一性差。

解决办法：减少字体种类，尽量选择与主题风格相符的字体；同一级别内容的字体尽量保持一致，即使不同级别内容的字体不一致，也尽量选择相似的字体。

（二）过分装饰

过分装饰指盲目设计，缺乏基本审美能力，文字被任意变形、加粗、描边或随便使用电脑特效，画蛇添足，从而造成视觉上的干扰。

解决方法：恢复基本字体，取消多余装饰效果。注意书法字体与宋体不可变形，正文不做任何处理，默认效果最佳。

（三）编排无序

编排无序指文字编排不规范，字号不分等级，随便更改字距与行距，同级文字的大小不一致，文字与图片的距离太远或太近。

解决方法：突出标题，集中正文，文字排列以一个方向为主，行距大于字距，版面条理清晰。

（四）复杂花哨

复杂花哨指不考虑主题需要，对图片进行任意剪裁、变形、描边或重叠，不同形式的插图混合在一起，画面主次不分，杂乱无章。

解决办法：以一种插图形式为主，注意图片大小、聚散变化，使画面简洁流畅。

（五）图文相争

图文相争指图形和文字主次不分，造成视觉冲突。

解决办法：以图形或文字其中一种元素为主。以图形为主的设计，文字在版面上占次要地位，字号要小，变化要少，与图形重叠时不破坏画面；以文字为主的设计，字体要有变化，充分发挥文字的表现性，图形制作成背景或插图。另外，注意版面视觉流程和视觉中心点。

（六）琐碎平淡

琐碎平淡指文字与图形填鸭式组合，见缝插针，版面构成上缺乏面积对比，各部分混淆在一起，条理不清，版面没有视觉中心点，彼此平均。

解决办法：根据视觉流程来设计版面，各要素围绕视觉中心点变化。单元之间留出适当的距离，大单元之间距离较大，小单元之间距离较小，同一单元之间距离相近。

（七）简单粗糙

简单粗糙指文件设置错误（分辨率低、尺寸不准等），版面内容不全，图片质量差，内容空洞，效果粗糙，版面没有视觉中心点。

解决办法：认真整理设计资料，梳理文本的级别信息，并对信息进行内容归类。注意图片的选择。对内容较多的版面，要对相同元素或内容进行归纳概括，对内容少的则要进行适当的装饰。

（八）古板单调

古板单调指图片排列过于整齐，平均分布或机械性变化。

解决办法：按照"静中有动"与"动中有静"的规律编排，注意点线面的变化、视觉空白、视觉平衡和视觉呼应。

（九）色调不统一

色调不统一指用色过多，用色不考虑内容关系，各色彩所占面积平均，没有明显的色彩倾向，没有主体色彩。

解决办法：以一种颜色为主调，形成版式的主题色，其他颜色根据主色调进行明度、纯度和色相变化。

（十）层次混乱

层次混乱指用色不考虑明度、纯度、色相对比关系，文字与图重叠，空间关系混乱。

解决办法：处理好构图版面的各个元素与背景的对比关系，需要突出的部分加强与背景的对比度，不需要突出的部分减弱与背景的对比度，以文字构成的版面，要注意缩小图形或减弱图片的明度。另外，文字的字体、大小、颜色，笔画的粗细，排列的疏密等对空间层次都有很大影响，一定要精心策划。

教学实例：文图版面设计

课后练习

1. 纯文本版面设计

目的：对文本进行分类及编排。

要求：纯文本版面设计，不加图片。注意标题、引文、正文之间的层级关系，不同栏式的分割比例。利用三种不同的版式对相同内容进行编排。强调版式的阅读性特征和与内容基调相统一的版式设计。

学生作业参考图3-4-96。

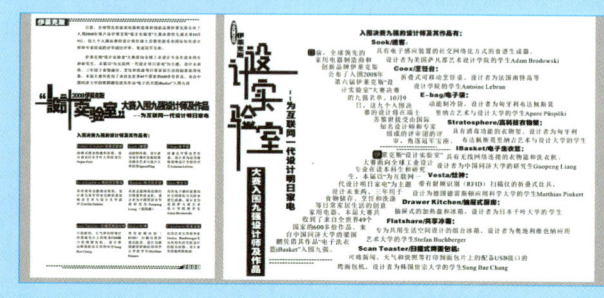

图3-4-96

2.图片与文本结合版面设计

目的：文本与图片进行单页版式编排设计。

要求：必须对文字和图形进行组合设计，强调标题字的设计，对信息内容进行视觉层次分级，强调文字阅读的信息性和主题表达的视觉创意性。

学生作业参考图3-4-97和图3-4-98。

图3-4-97　　　　图3-4-98

第五节
版式设计的网格系统

版式设计不仅提供阅读的信息，而且是一篇文章中行列构造的骨架，同时信息内容有着它自己的内在结构和固定的组成部分，需要一定的鉴赏力去揭开各部分的相互连续性。网格系统为设计提供了一个基本的框架，帮助形成清楚、连贯的信息关系和易懂的页面，使内容系统有序，给设计一种内在凝聚力。

网格系统是指版面设计中的骨架，是设计的辅助工具。运用网格将版面进行划分，使文字、图片等元素的安排有依据、有规则，形成结构严谨的视觉秩序，通过网格系统更好地打造设计的信息层级，让设计阅读起来更具有韵律感。需注意的是，网格线在版式中是隐藏的参考线，并非实体元素。应用网格可以保持版式设计的一致性，排除了设计元素被随意编排的可能性，使各种元素整合在统一的设计中。

一、网格系统

（一）网格系统概述

网格系统的英文为"grid systems"，有的人也把它叫作"栅格系统"，它是以对称单元格为基础，包含一系列等值空间（网格单元）或对称尺度的空间体系，它在形式和空间之间建立起一种视觉和结构上的联系。网格的构图能力来自于所有元素之间的规则性和连续性，它能够决定一个页面上元素的零散或整齐程度、页面上插图和文字的比例。版面各元素通过网格建立连续的秩序或参考区域，从而产生普遍联系。

这样的设计具有很大的灵活性，可以依据单元格的比例编排文字及不同尺寸的图片。在一个规范的网格系统里必须有：栏，即放图文影音等的部分，所有主内容的数据都会以这个格子为起点对齐放置；间隙，即栏和栏之间的间距；留白，即主要文本和边缘的间距。使用网格的好处在于能把各种元素编排得更加合理整齐，对于大量的文字排版，比如杂志、书籍、网页等，使用网格系统排列，每一页的版式在视觉上都会十分统一，方便阅读，当然也可以在此基础上寻求一些突破，产生虚实相应的空间感。（见图3-5-1、图3-5-2）

图3-5-1

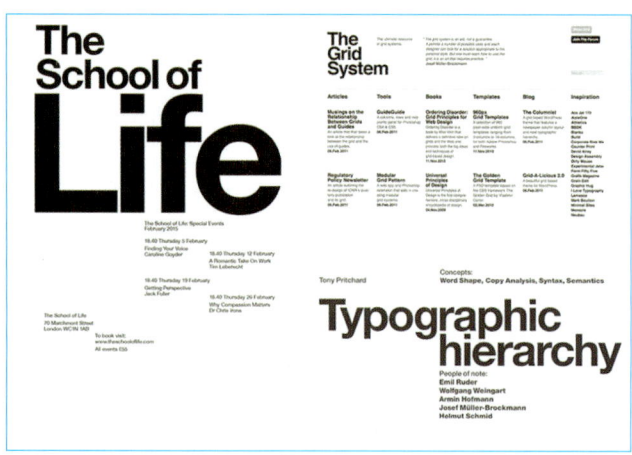

图3-5-2

（二）网格设计的特点

网格布局整体趋于匀称，其有序和结构化的特征通常会使页面更加整体、简洁美观。

1. 严格的数字比例关系

运用数字的比例关系通过严格的计算，将版心划分为一栏、二栏、三栏及更多栏尺寸统一的网格，在其中安排入文字或图片，让版面有一定的节奏变化，从而产生优美的韵律关系。

网格设计不是简单地把文字和图片并列放置在一起，而是从画面结构中的相互联系发展起来的一种形式法则。它的特征是重视比例感、秩序感、连续感、清晰感、时代感、准确性和严密性。（见图3-5-3）

2. 多样而秩序化的网格形式

网格版式设计的形式有重叠网格、正方形网格、长方形网格、栏目宽度不同的网格，设计师会根据

设计需要选择不同类型的设计形式，针对不同类型的书籍进行设计。网格可以提供一个重复使用的系统，尤其是用于多页面或多主题出版物的网格系统，它使设计过程和出版周期达到一体化，许多基本的设计元素因网格系统得以保留，每次使用时只需作局部的修改，保持了出版物特有的风格。著名的瑞士设计师约瑟夫·穆勒·布罗克曼说："网格使得所有的设计因素——字体、图片、美术之间的协调一致成为可能。网格设计就是把秩序引入设计中去的一种方法。"（见图3-5-4）

（三）网格的分割

首先，在版面四周要留出页边，采用1磅的线条。其次，把该空间等分，以使各列文字相互间不接触，

图3-5-3

图3-5-4

单元格之间也要有一条空白的分隔带，网格内采用细线。单元格之间的空白空间可减小或增大，但每个单元格四周的空间相等。

网格以垂直单元与水平单元的数目定义。一个两栏三行的网格被称为6单元网格或2×3网格。而一个三栏四行的网格被称为12单元网格或3×4网格。网格一旦建立，各栏文字或图片的宽度、长度便可以进行调整，并且可以占用多个网格单元。（见图3-5-5）

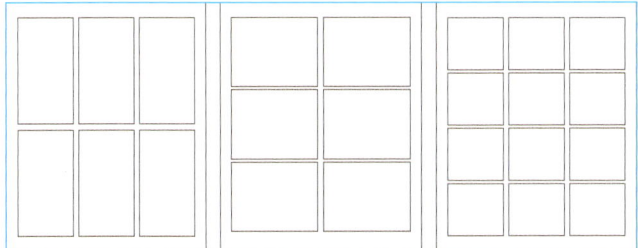

图 3-5-5

简单些的网格通常比复杂的网格更好掌握。一般分成五个、七个栏目的网格，普遍情况下都较为实用，而且用起来很有趣，因为它有一定的选择余地，但过分复杂的网格因选择的余地过大，好像到处都是网格，也会毫无用处，因为网格单位太小，读者很难看清它的条理。有条理的设计来自于流畅的结构，它能按顺序从一个元素到另一个元素进行引导。（见图3-5-6到图3-5-8）

虽然网格系统是一个限定系统，但是应用起来也是超级灵活的，这使得设计可以有很高的延

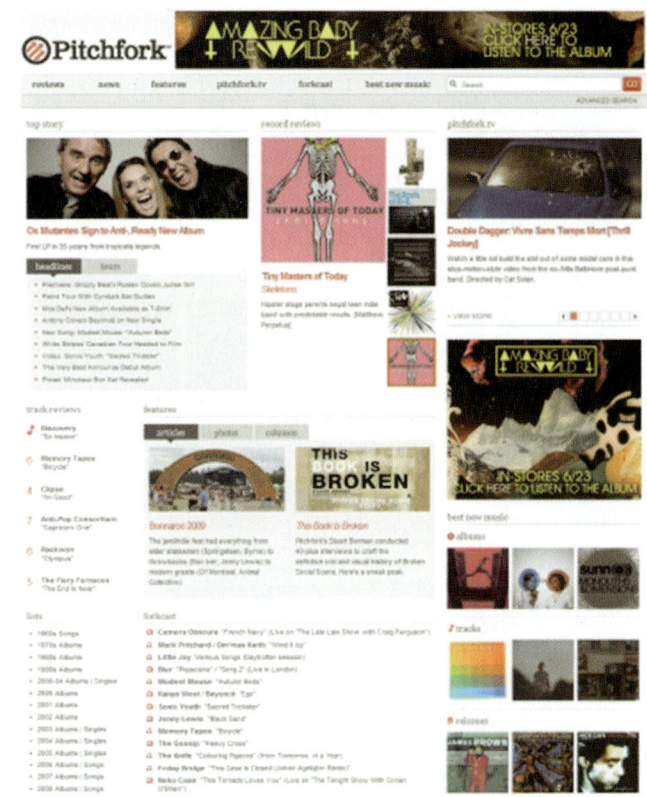

图 3-5-8

图 3-5-9

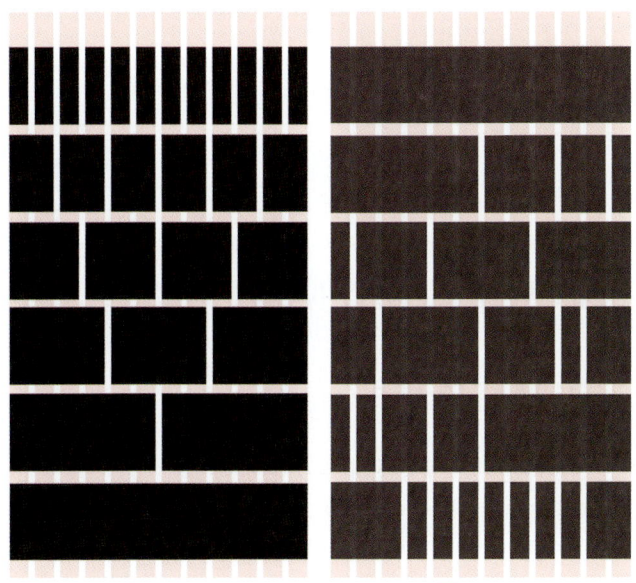

图 3-5-6　　图 3-5-7

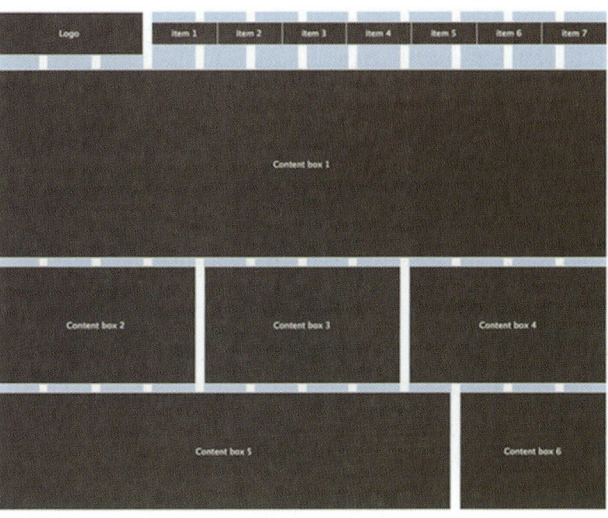

图 3-5-10

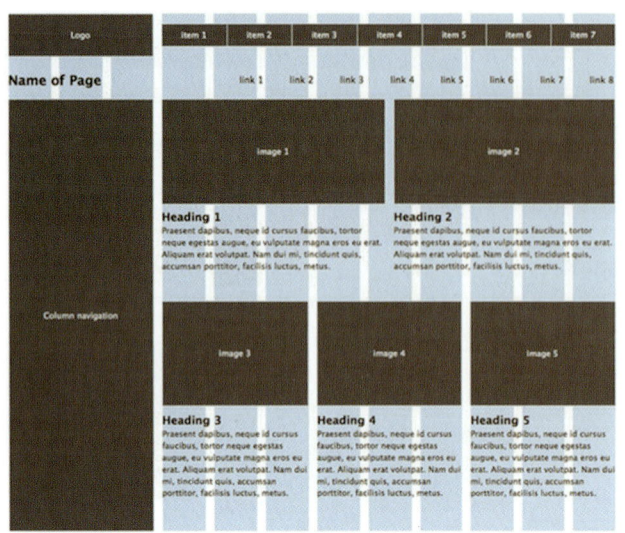

图 3-5-11

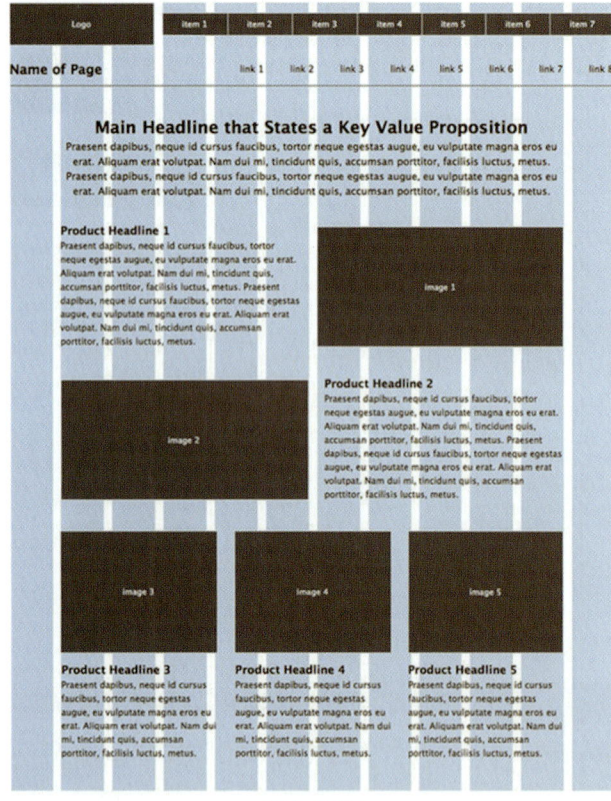

图 3-5-12

展性，通过匹配不同的组合，就可以做出完全不同的排版来。

以一个网页的网格结构为例，其在秩序化的网格分割中，创造出来的不同模板如图 3-5-9 到图 3-5-12 所示。

一个网格系统下可以组合多种可能性。

从上面的例子中我们可以看出，网格结构的选择和组合几乎可以说是无止境的！有着无穷尽的选择来创造不同的版式。

二、网格版面的骨架形式

轴线网格指的是围绕线进行的排版，用线对版面进行骨架的设置是最简单的一种网格设计形式。通常情况下，用尽可能少的轴线进行框架安排，这样脉络比较清晰，一个版面如果划分多个轴线，会削弱轴线框架结构，以致版面冗杂。轴线网格设计可分为水平轴线、垂直轴线、倾斜轴线、折线等。（见图 3-5-13、图 3-5-14）

图 3-5-13

图 3-5-14

三、网格的设计应用

（一）网格的利用

网格经过不同的变化分割，可以做出多种不同的版式设计。它可以使设计的整体风格一致，但又灵活多变。因此，网格为编排创造了众多的可能性，而不是限制。

在使用中可以将每一个网格单元都加以利用，也可以只利用部分网格单元；在每个网格单元中，既可以全部利用，也可以部分利用。即可进行全部利用、部分利用、突破式利用、保留网格等。

对以文本为主的版式，通常使用简单的两栏或三栏网格。对于以插图、图片为主的版式，通常使用三栏以上复杂的网格。网格越复杂，设计就越具有灵活性，当然难度就越大，需要长期的经验积累。（见图3-5-15到图3-5-18）

图 3-5-17　　　　　图 3-5-18

（二）网格与排列

编排元素可以进行多种方式排列：居中排列、居边排列（居左边、居右边、居上边或下边）、沿路径排列等。文字的宽窄编排，以栏和水平对齐线来编排不规整的文字段落。（见图3-5-19、图3-5-20）

图 3-5-15

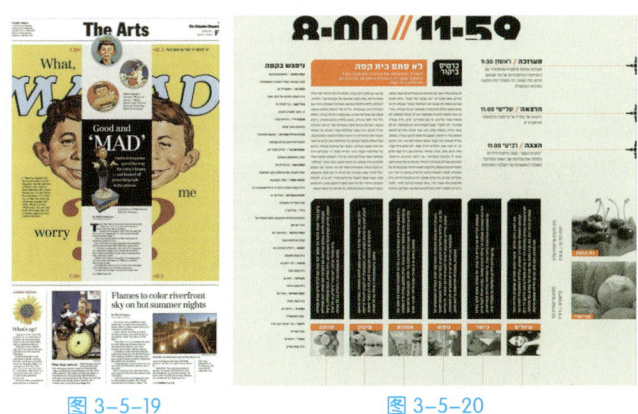

图 3-5-19　　　　　图 3-5-20

（三）网格的虚实

网格的虚实就是网格的利用率。

单元格利用的原则一是，除了全部利用之外，空白面积应尽量与单元格面积形成一定的比例或倍数关系；原则二是，一个编排元素可以占据一个单元格或多个单元格，若占不满一个单元格，所留下的单元格空白面积也应尽量与单元格面积形成一定比例或倍数关系。这些原则与"知白守黑"是不谋而合的，它们可以使网格虚实之间建立起一个和谐的、具有内在联系的比例关系。（见图3-5-21、图3-5-22）

（四）网格的突破

在利用网格时，除了通过留白留空进行疏密变化外，还可以通过局部打破网络约束的方法进行突破表

图 3-5-16

现，使严谨的网格设计体现出灵活性。（见图3-5-23、图3-5-24）

（五）网格与形象

一般情况下，当网格的限制任务完成后，都会被删除，使作品显示出来。但某些时候，网格也可以成为形象的一部分。这时作为造型的网络线的色彩、样式、粗细也就需要设计了。（见图3-5-25、图3-5-26）

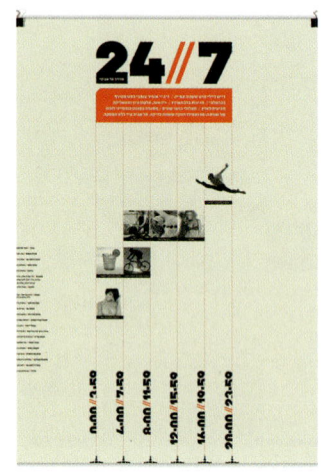

图 3-5-21

图 3-5-22

图 3-5-25

图 3-5-26

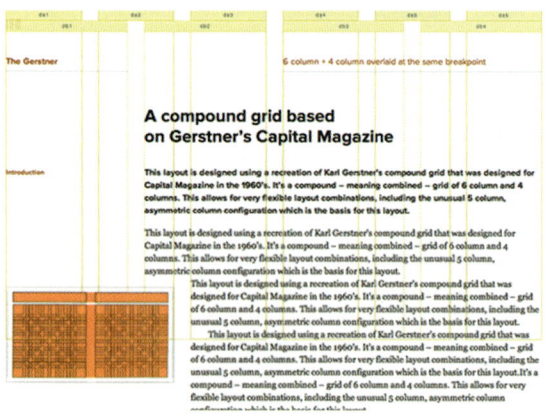

图 3-5-23

（六）网格与标题、注释等文字的关系

大标题、注释文字可以游离于网格之外，并不一定要在网格的范围里被限制，与网格在同一层次上进行排列。它的对齐方式和对齐依据都与网格一起面对整个编辑区域。但网格、大标题、注释文字之间应该有一定的位置和距离关系。（见图3-5-27、图3-5-28）

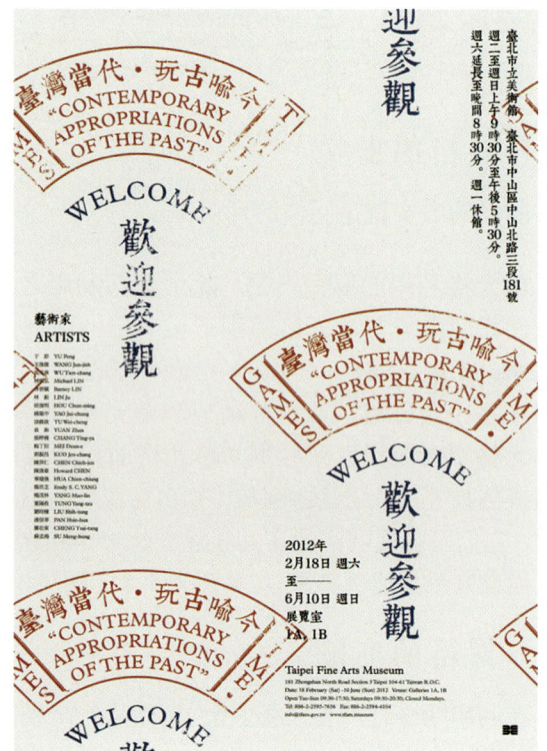

图 3-5-24

图 3-5-27

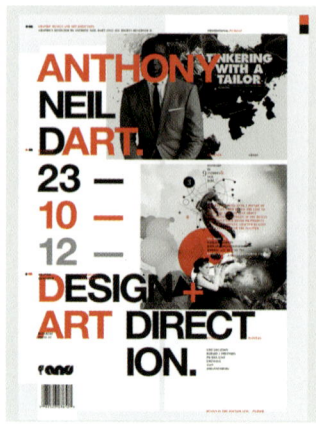

图 3-5-28

四、网格版式的类型

（一）重复的网格系统

每个单元格都是同形状、同大小的网格称为重复网格，其排列十分有序，效果非常统一。（见图 3-5-29 到图 3-5-32）

图 3-5-29

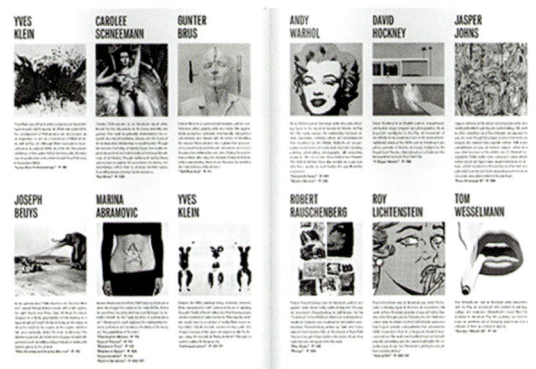

图 3-5-30

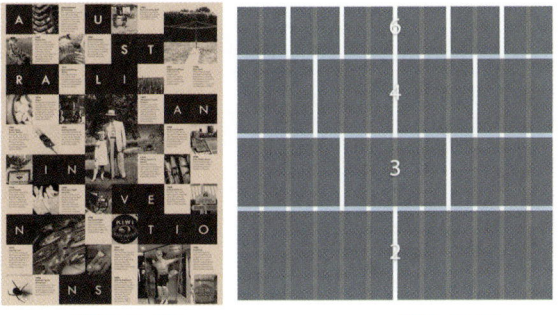

图 3-5-31

图 3-5-32　　　　　图 3-5-33

（二）渐进的网格系统

各单元格的大小、形状、位置等按照一定的比例渐次变化，形成规律感极强的递增、递减效果。（见图 3-5-33 到图 3-5-36）

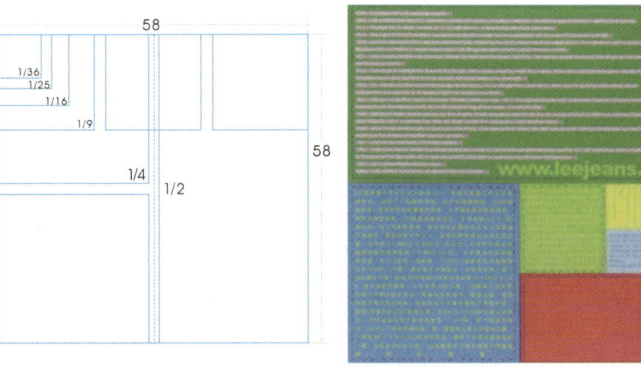

图 3-5-34　　　　　图 3-5-35

图 3-5-36

（三）对角网格系统

对角网格系统实际就是倾斜构成，相对水平和垂直构成而言，它是最具动态、最复杂的构成导向。在设计时，优先考虑的是边线和角的安排，而不是正式的固定结构。构成要素可以被处理为导向一致或导向冲突。（见图 3-5-37 到图 3-5-42）

（四）自由网格系统

单元格之间虽然遵循一定的尺寸或造型样式，但版

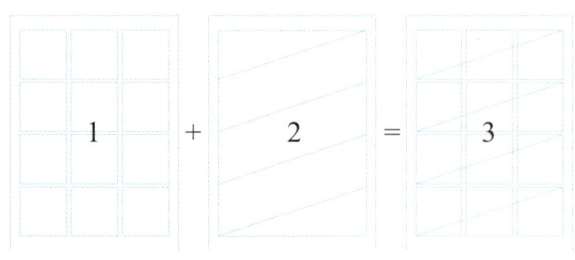

图 3-5-37

心无界性,没有固定模式限制版心。字图的一体性,文字经常被当作图形进行处理或文字图形化,不易区别文字和图形;字体的多变性,同一内容的字体在大小、位置等层次上变化较多,给阅读造成困难;破碎的解构性,形成一种看似杂乱无章的效果,肢解正常的图形图像,并充斥着许多似乎无意义的琐碎细节;内容的不可读性,许多内容的安排并非为了清晰地呈现实际细节,而是作为装饰的一部分,通过视觉效果传递某种心境而已。如图 3-5-37 和图 3-5-43 所示,将网格 1 与网格 2 进行重叠,获得一个新的网格——网格 3 兼具网格 1 和网格 2 的特点,可以提供更多变化的可能性,在运用时注意两个网格要有主次关系,如用一个标题、使用一种图片和内文。

图 3-5-38

自由构成的表现技巧:确认情感特征,选择自由元素,选择表现角度。(见图 3-5-44、图 3-5-45)

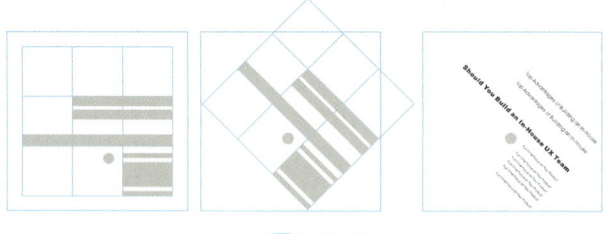

图 3-5-39

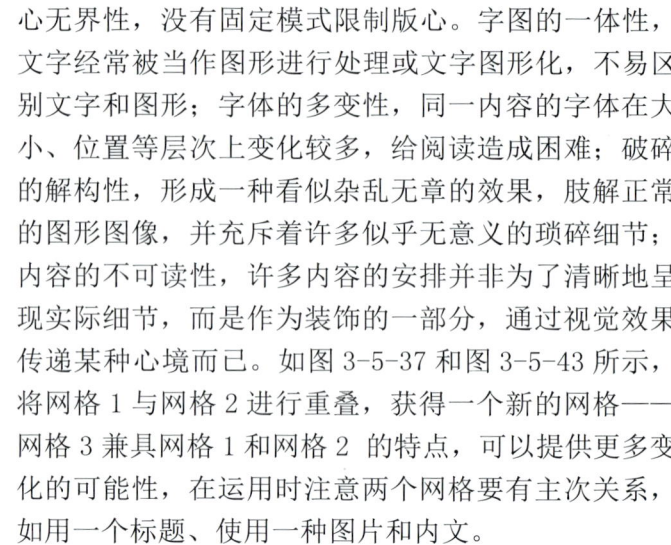

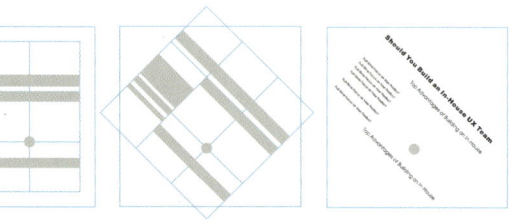

图 3-5-40

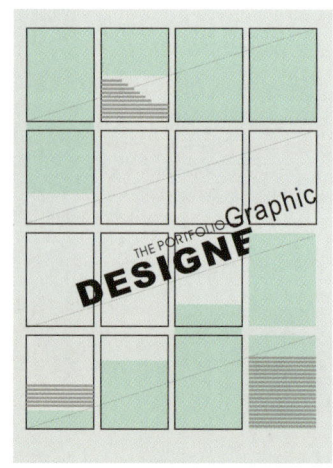 

图 3-5-43

图 3-5-41　　图 3-5-42　　图 3-5-44　　图 3-5-45

五、网格构成方法

（一）分析优秀设计作品，解读网格的构成规律和形式

首先，在速写本上通过目测分析出优秀版式设计作品的基本网格结构并绘制出来。这一步非常重要，它可以训练视觉迅速捕捉基本网格结构线，减少对电脑分析的过于依赖以及避免依葫芦画瓢的错误分析。（见图3-5-46、图3-5-47）其次，将优秀版式设计作品输入电脑，在软件中进行分析。

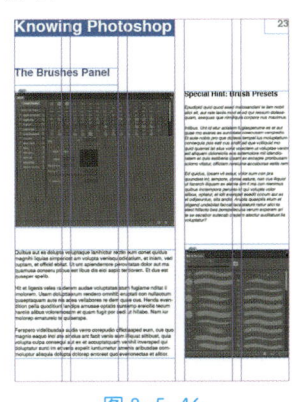

图 3-5-46

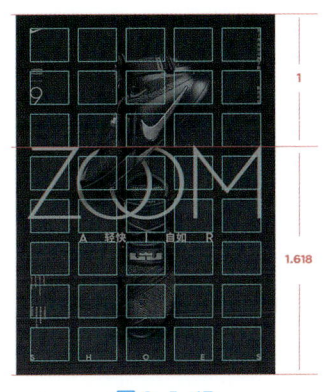

图 3-5-47

（二）确定主要信息元素位置，以此延伸外形轮廓线，在版式中构成基本框架

根据信息等级整体布局，依据主要元素延伸并获得网格结构线。运用网格线可以更灵活地组织文章的纵列，文章阅读更方便，同时使所有的编排元素都进行网格线的对齐。

①利用标题字的设计，区分标题与正文之间的对比关系。

②适当地留出充分空白，开阔了空间，灵活了网格结构。

③突出照片，使图片间形成主次的对比。

图3-5-48和图3-5-49中的六个灰色的矩形——它们在后面会转换成视觉信息的字体大小，就是一些构成要素。图3-5-48和图3-5-49还使用了一个小圆，以提供一个平衡因素，即构成视觉控制和对比。

这个格状结构有纵横各三栏，总共提供了九个视觉方块，灰色块就是对栅格单位的设计分配，整个版面的布局依据栅格的数理秩序。空白和图片均须遵循各自的约束，其面积总是与网格面积形成倍数关系（见图3-5-50到图3-5-53）。

图 3-5-48

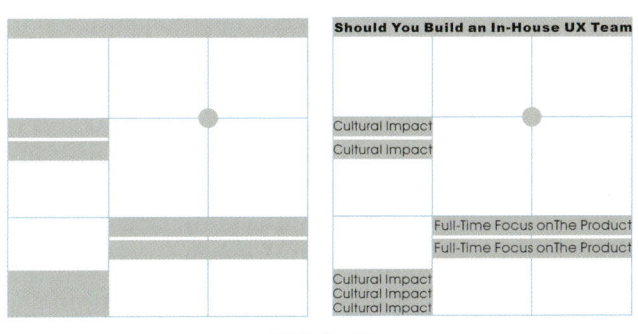

图 3-5-49

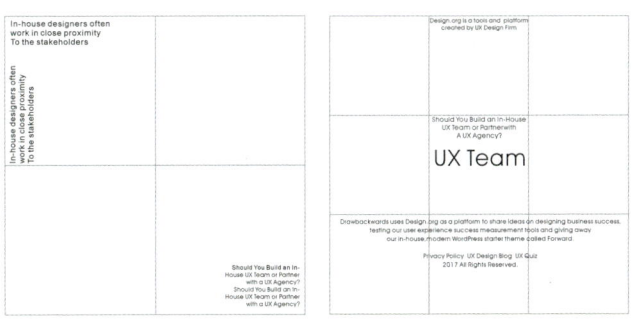

图 3-5-50

图 3-5-51

图 3-5-52

图 3-5-53

六、双栏对称式网格的用法

双栏对称式网格，广泛应用在画册或杂志里。其主要表现为更好地实现版面平衡，使阅读更加流畅，减少大量文字所产生的枯燥感。但是，如果版面文字和图片编排得比较紧密，会造成单调感，甚至会形成阅读时的视觉疲劳感。

（1）利用图片或内文产生垂直方向的轴线：以图片来创造宽版的垂直轴线，利用标题与内文所形成的留白，将图片与内文整齐地编排于两栏中。看似简单的编排，却实实在在地建立了重心，让版面变得适于阅读。（见图 3-5-54）

（2）以内文来创造宽版的垂直轴线：将图片放置于两边的外栏中，利用跨页中央空出的部分编排内文，为版面创造出垂直方向的轴线并添加与图片相近的色块，使画面更加丰富，给单调的双栏对称网格带来新的视觉效果。（见图 3-5-55）

（3）利用图片和内文产生水平方向的轴线：将图片作为跨页编排在版面上方，用内文作为轴线来统一版面。版面中的图片虽然是跨页设计，但是版面还是以双栏对称网格形式存在，将标题放置于图片中，标题的颜色和字号的变化，给版面增添了灵活感。（见图 3-5-56）

（4）在页面下方用内文和图片作为轴线：标题和重点信息放置于页面上方，结合文字的字号变化来统一版面。这样更加表现出稳重感和整齐性。（见图 3-5-57）

（5）利用图片产生对角方向的轴线：将图片作为跨页编排，在右页下方放置图片，标题和重点信息放置于左侧图片中，结合文字的字号变化来统一版面。虽然版面上排满了图片与文字，但是图片与文字之间处理得恰到好处，既不拥挤也不太空白，反而使画面有层次感和视觉上的冲击感。（见图 3-5-58）

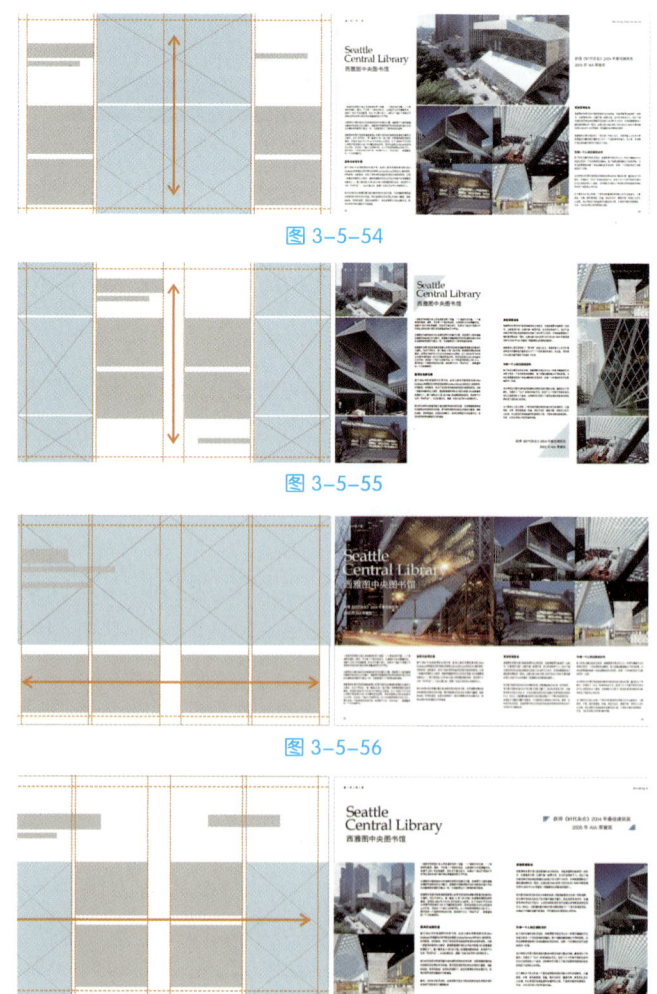

图 3-5-54

图 3-5-55

图 3-5-56

图 3-5-57

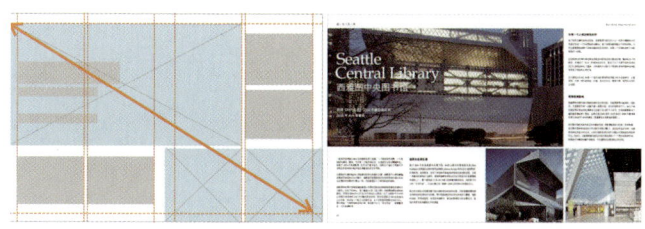

图 3-5-58

七、八格网格的用法

网格将内容分为八个版块,这就是网格最基本的用法,叫作八格网格系统。(见图 3-5-59)

八格网格是最容易上手的,只需要对八种不同尺寸的图片和文字信息进行组合,就可以解决许多简单的问题,这时如果能再加上一点设计师的想象力,画面就已经很生动了。

八格网格一般已经满足了基本版式需求,图 3-5-60 中,有四种窄长的图和四种宽幅的图片,可根据实际情况配合设计。随后唯一要注意的就是设计中选择图片和字体的能力了。

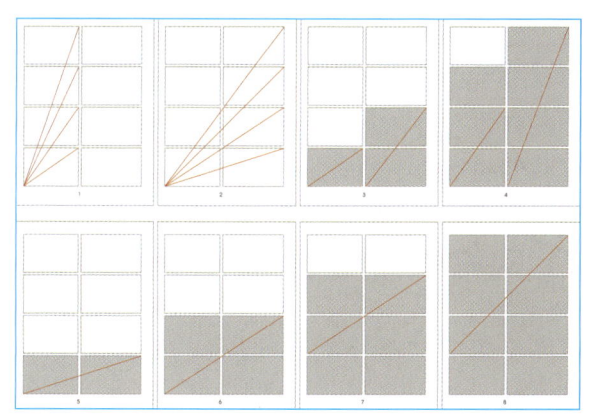

图 3-5-59

图 3-5-60

八、二十格网格的用法

二十格网格系统给设计师排版提供了更多的可

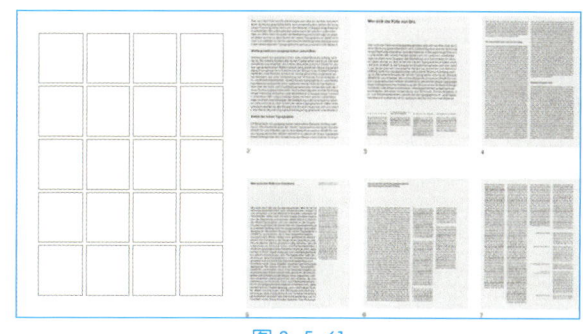

图 3-5-61

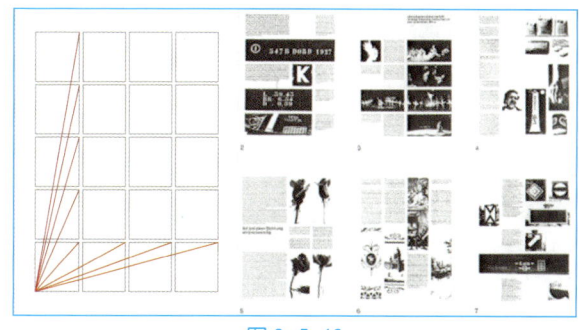

图 3-5-62

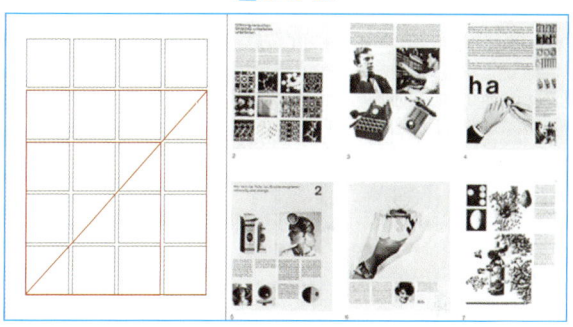

图 3-5-63

能性,拓宽了思路。(见图 3-5-61)

排版的终极目标是信息整理和信息合理传达,让阅读者有一种满意的视觉感受,而不是单纯的视觉冲击。

网格系统可以以数理的方式来留白,如同国画中留白一样,整个版面也讲究气韵、呼吸,不能塞得满满的,否则网格也失去了意义。在对图文进行排版时,如果文字特别多,可以适当用图来调和一下,版面就不会显得太满;如果不准备放图,只有文字,那么就注意段落与段落之间可以留部分空白。建立在数理调和关系上的留白,不会显得刻意或者虚空,留白恰是一种视觉力量的均衡。二十格网格系统使用案例如图 3-5-62 到图 3-5-65 所示。

当有了网格之后,设计师在排版之前会有意识地挑选图片,并按照比例需求进行裁切。

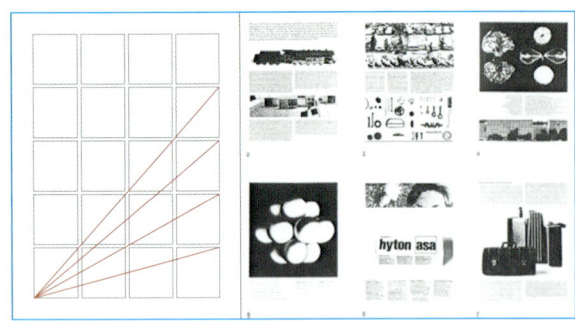

图 3-5-64

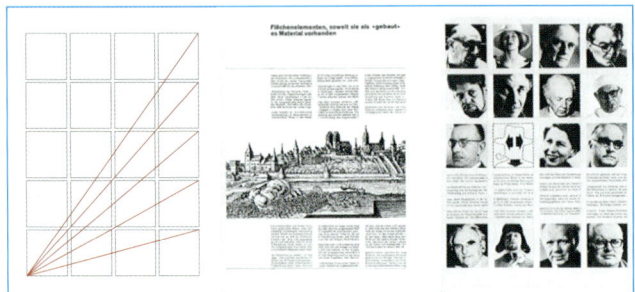

图 3-5-65

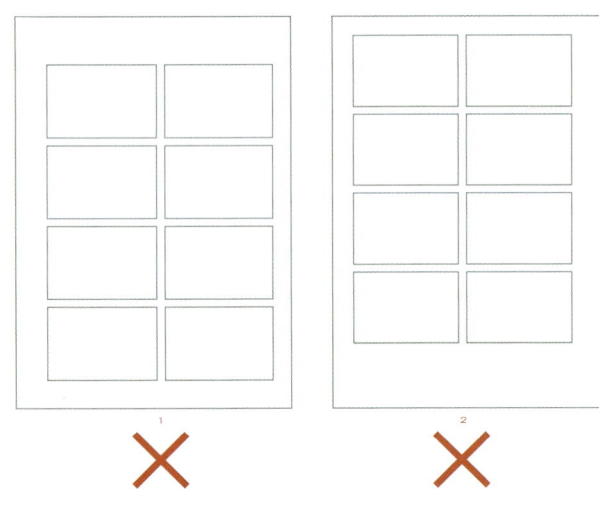

图 3-5-66

如果图片与图片之间的间隔是均匀的，那么无论图大图小，都有一种舒适感。读者的阅读是可以被引导的。

以倍数的方式突破网格单元，版面最终形成的其实就是正方形和长方形，这样简洁利索又间隔均匀的画面会有一种大气感。这里特别提醒，在图片过渡到下一张图片或者下一段文本时，中间可以加插一小句文字，不让视觉跳跃太突兀，会活跃整个版面。

不管是八格、二十格网格系统，还是三十二格网格系统，没有高级和基础之分，只有合不合适之

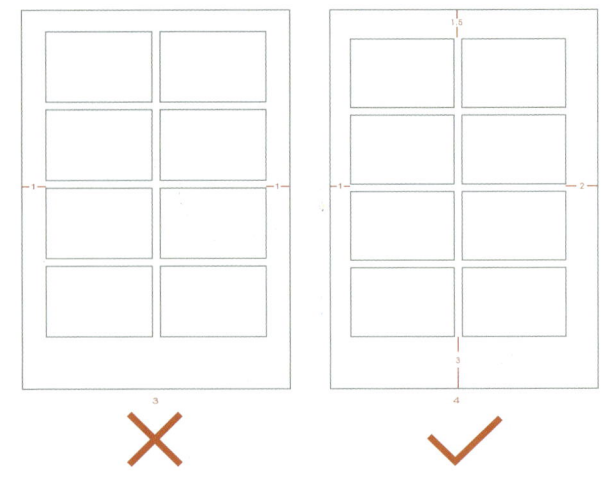

图 3-5-67

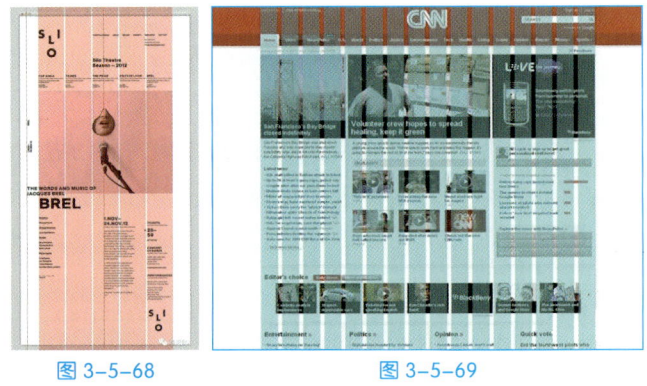

图 3-5-68　　　　图 3-5-69

说。选择符合设计需求的网格系统，提高设计效率才是我们的目的。

九、网格系统设计制作中的小技巧

网格系统设计制作中的小技巧如图 3-5-66 至图 3-5-69 所示。

1）页边距设置

页边距的设置很重要。很多人在设计版式时都忽略了页边距，而页边距会对版面整体效果产生很大的影响。页边距太小，会给人很压迫、透不过气的感觉；页边距过大又会导致文本稀疏，使人产生阅读体验不完整的感受。

先看看几种常犯的错误：

第一种，版心偏低，导致整体画面下沉，且有种内容要掉出画面的感觉。

第二种，页边距设置不合理导致版心偏高。

第三种，尽管页边距设置合理，但过于均匀对称，导致画面呆板，总觉得缺少了什么。

第四种，右边间距比左边大一倍，下边的间距比上边大一倍。这种设置是比较合适的，符合人们的阅读习惯（从左到右）。不过需要说明，设置前不能盲目，还是要先判断这样的设置是否符合自己的设计需求，这种设置适合一般文学出版物、杂志之类。

2）在设计中使用重叠网格（网格线要可见）

常看到初学者在做版面编排的时候，从来不理会网格。如果想用网格做版面编排的话，无论是PS还是其他工具，将网格设置为叠加，然后锁定。这样，设计的时候心中就有数。

3）设置参考线

有了重叠网格之后，设置分栏参考线。这样就能够更清楚地划分边界。

4）尝试一下有限制的设计

有限制的练习，能提高设计的处理能力，因此可以试着自我约束一下，练习在限制的条件下进行布局，这样能更专注于重点，进步更大。

5）注意空间问题

栏与栏之间的宽度越大，留给元素的空间越富裕。然而不要忘记垂直方向上的空间布局，是紧密还是留白？这需要按情况而定。了解了网格系统的基本原理和处理方式，可以尝试一下在设计前做规划，这样网格系统用起来更得心应手，布局更流畅。

网格排版不仅可以制造层次感，还能模块化地管理元素。合理地利用网格系统，不但不会让画面千篇一律，而且能让画面更加有条理，更可以让内容更易读，还可以更好地组织画面中的信息，让重要的元素更加鲜明，让设计稿有更好的结构，给观者带来更好的体验。

教学实例：网格系统

课后练习

项目内容：网格的设计及应用。在这个练习中根据自己掌握的设计素材，可以选择经典的网格系统，安排设计元素的大小、位置及处理手法。也可以通过自设的网格系统进行编排。

项目要求：在选定的网格系列或自己设计的网格格局中排列相应的内容。网格栏数自定，不限定具体元素，但必须有相同的图和文字。

网格形式要求：重复的网格系统、比例网格系统和自由式网格系统。

练习数量：六幅网格系统作品。

尺寸：A4。

学生作业参考图3-5-70至图3-5-75。

通栏网格

形式分析

这种通栏网格适合小开本的版面或以文字阅读为主的版面。

图 3-5-70

四栏网格

形式分析

四栏网格适用于大尺寸版面的正文划分，如果是在小尺寸版面下使用行文则需要考虑跨栏编排。

图 3-5-73

双栏网格

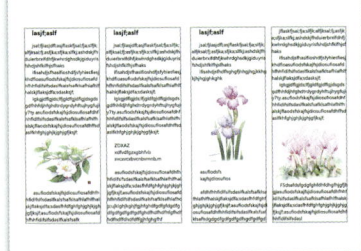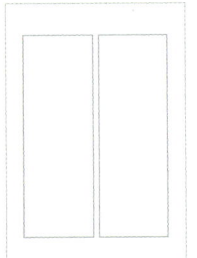

形式分析

双栏网格是比较常用的网格形式。行文的长度适中且容易编排。

图 3-5-71

五栏网格

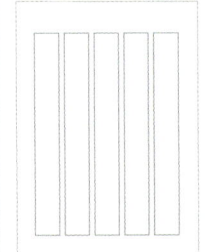

形式分析

五栏网格适用于较为轻松休闲的内容，如果是需要仔细阅读的内容则要减少分栏的数量，以保持阅读的顺畅。

图 3-5-74

三栏网格

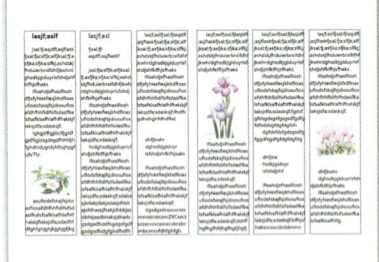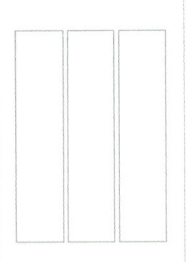

形式分析

三栏网格同样是比较常见的形式，栏宽变窄，也会让文字阅读变得更容易。

图 3-5-72

重叠网格

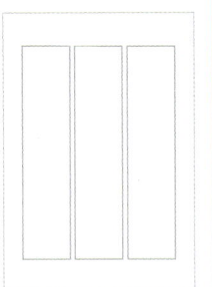

形式分析

重叠网格会在同一版面中重叠使用两种或两种以上网格形式，大多会统一版心与栏间距。

图 3-5-75

Chapter four
第四章

应用篇 YINGYONG PIAN

平面设计的范畴涉及很多视觉领域，如报纸、书籍、海报、网页等，这些媒介都体现了版面设计的基本原理，即信息要主次分明，分区清晰，版面要有节奏感，在统一中求变化，要有视觉冲击力强的元素夺人眼球，整体脉络清晰、简洁，保证受众能够流畅地进行阅读。但每种媒介也有其自身的原理特征。我们在进行版面设计时，必须针对每一种媒介的不同特征，进行相应合理的调整，符合不同媒介的阅读目的和阅读习惯。下面就几种常见的媒介进行讲解。

第一节 报纸的版式设计

报纸是一种散页式的出版物，有一定的出版周期。不同种类的报纸针对的读者群不同，报纸的视觉形象也风格迥异。同时，报纸还会以特殊的版面语言表现其立场、态度和感情。不同的版式设计和色彩运用也表现了不同的编辑思路，所以说设计好报纸的版面，就等于赋予这份报纸旺盛的生命力。

版式是报纸各种内容编排布局的整体表现形式，透过版式，读者可以体会到报纸对新闻事件的态度和感情，更能感受到报纸的特色和个性。随着科技的不断进步，报纸版式的优化对一份报纸日益重要，它与现代人的欣赏水平和审美意识合拍，起着"画龙点睛"的作用。版式以其视觉性、情感性、符号性，每天向读者传递着报纸的品牌影响力。版式及它所安排的所有内容本身就是报纸最好的宣传媒介。现代报纸版面设计是建立在视觉科学、阅读规律、市场营销之上，对信息传达、视觉承受力、阅读过程、整体形象、文化品位的完整设计。因此，新闻是设计要表现的对象，设计展现新闻的最大视觉魅力。

当前，网络媒体、掌上媒体已占据了新闻传播媒介的半壁江山，报纸作为传统媒体，为适应激烈的市场竞争，只能不断改版，通过栏型和色彩两大元素，抓住读者的眼球，让"看报纸"变得不再是单纯地获取新闻，而是一种阅读享受。

一、现代报纸版式设计的特点

（一）现代人审美发生变化，模块版式成为主流

随着媒体融合时代的到来，受众的审美需求也发生了变化。现阶段，模块版式成为主流。从整体版式来看，模块版式比较简洁，其版面排列比较规则，符合现代人的审美潮流。除此之外，模块排版方式可以节省时间，由于规则的模块可以放在版面的任何地方，因此换稿时不需要编辑做太多的工作。同时，模块版式下不同文章之间区分明显，能够有效避免读者在阅读过程中出现串行、误读等现象，使读者能够广泛接受。（见图4-1-1、图4-1-2）

（二）受新媒体的冲击，"读图时代"逐渐来临

随着网络时代的迅猛发展，在阅读时人们也开始重视"图文并茂"所带来的视觉冲击，并且已经习惯于从图片和色彩等元素中获取所需信息资源。因此，报纸中的各类照片、示意图及统计图表等的数量也呈现出快速上升的趋势。（见图4-1-3、图4-1-4）

图4-1-1　　　图4-1-2　　　图4-1-3　　　图4-1-4

（三）为吸引受众注意，标题发生变化

现今报纸版面的一个非常重要的变化就是文字编排的少栏化，由原来的八栏变成了现在的六栏。原来的标题横竖不一，现今横式标题

却成为主流,这主要是由于横式标题更符合读者的阅读习惯,同时标题文字不断变大,采用破栏形式,色彩也趋于多元丰富化,这样有利于读者加快阅读速度,轻松找到所需信息。(见图4-1-5、图4-1-6)

(四)栏目版块化,版式简洁化

现代报纸大多由一个个专栏版块组成。报纸针对特定群体设计专门的版组、版面和栏目,如体育、生活、饮食等专版,版块趋小化,版式简洁干净,标题醒目,图片引人注目、美观大方,符合现今读者阅读的碎片化特征。(见图4-1-7、图4-1-8)

(五)版面语言无比丰富

现代报纸版面语言的丰富性体现为编排手段丰富多元。图表、线条、刊头、色彩的充分运用,使现代报纸版面丰富而多彩,厚题薄文,大标题、大图片、颜色、底纹等更是为版面化上了靓妆。(见图4-1-9、图4-1-10)

二、报纸版式的设计要素

(1)开本。目前世界上各国的报纸幅面主要有对开、四开两种。我国的对开报纸的幅面尺寸为780 mm×550 mm,版心尺寸为350 mm×490 mm×2,通常分为八栏,横排与竖排所占面积的比例约为8:2;四开报纸的幅面尺寸为540 mm×390 mm,版心尺寸为490 mm×350 mm。目前出现了一些幅面不规则的报纸版面,如宽幅报纸、窄幅报纸等。

(2)版序。版面是各类稿件在报纸上编排布局的整体产物,是读者接触的对象。报纸不同的版面或某一版的不同区域,对读者的吸引力是不同的。

版面排列的顺序有以下三种。

第一种:多张叠在一起,第一张正面为第一版和最后一版,第一张背面为第二版和倒数第二版。

第二种:分张依次叠放,第一张为第一至四版,第二张为第五至八版。

第三种:分若干版组,每一组由多张叠在一起组成。

第一种与第二种版序为自然版序,第三种多版组版序打破了自然版序,有多个头版(首页),有利于进行内容分割,方便读者选择性阅读。

从阅读习惯来说,读者一般先看第一版再去翻阅其他版,最重要的新闻、最具有视觉冲击力的图片和标题等应放在第一版,以使读者快速注意到新闻的主要内容。由此可见,相对于其他版次来说,第一版最具有优势,更能吸引读者注意。需要特别注意的是,版面编排要有视觉层次,注意视

图4-1-5

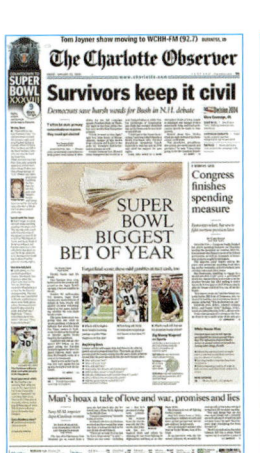
图4-1-6

图4-1-7

图4-1-8

图4-1-9

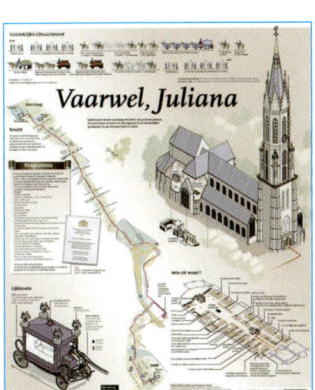
图4-1-10

觉中心，把握住所要突出的主题，一味追求强烈的视觉效果只会让版面过于花哨、主题模糊。

（3）栏。报纸的版面很宽，为了方便阅读和排版，从纵向将版面划分为若干栏。一份报纸的各个版划分为几栏必须是固定的，每一栏的宽度是相当的，这种统一的、宽度相等的栏，被称为基本栏。对开的版一般采用八栏制，每栏每行正好排十三个小五号字。四开报纸一般采用六栏制。文字排入网格后，栏的基本变化有两种，一种称为长栏，一种称为破栏。版面中文章的宽度是原基本栏数的整倍数的栏称为长栏，如二栏、三栏、四栏等。破栏是指版面中文章的宽度是原基本栏数的非整倍数的栏，如三破五、五破二等。随着电脑设计的使用，破栏编排为报纸版式更富有表现力带来了空间。

（4）区域。报纸的每一个版面可分为若干区域。将一个版面从水平和垂直方向等分，一个版面可分为上左、上右、下左、下右四个区域。可视度的大小由这些区域来表现。在一个版面中，通常是左上方最受注目，其次是右上方，再其次是右下方与左下方。上半区优于下半区，左半区优于右半区（直排版面中，右半区优于左半区）。

报纸版面的区域，除上述一般情况外，还有一些特殊的区域，主要是指报头、报眼、报线、报眉、中缝、头条、导读等。

报头——报纸第一版上放报名的地方，通常是通栏排列，放在这个版面的左上方或上端中央，这是人们阅读时最具吸引力的位置。报头上要有报纸名称、出版日期、出版单位、当日报纸的版面数等。

报眼——横排报纸中报头右边的版面。此区域通常刊登比较重要的文字和图片，但有的也刊登当日报纸的内容提要、天气预报与日历表等。

报线——报纸版心的边线，分"天线""地线"。

报眉——报纸眉线上方的文字，包括报名、版序、出版日期、版面内容标识等，便于读者检索。

中缝——报纸对折的中间部分，可以发布信息，也可以刊登广告。

头条——报纸各版的头条消息，通常刊登在横排报纸的左上角或上半版，头条区域可以说是一张报纸的黄金地段。在每一期报纸中，头条扮演的角色是展示报纸的一贯风格和当期的主要内容。如果当期头版头条新闻是非常重要的新闻，就需要大照片和大标题进行渲染，最好使两者的位置比较靠近，让它们形成一个统一的视觉中心。

导读——引导阅读，以标题的形式标示出报纸的主要内容，引起读者的关注。

通版——打通报纸上相邻的两个版而形成的版。通版的面积包括这两个版的面积和两版间的中缝，一般用于报道重大事件。（见图 4-1-11、图 4-1-12）

图 4-1-11

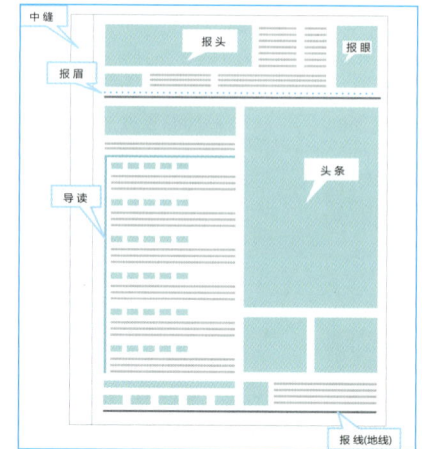

图 4-1-12

三、报纸版式设计的创新

随着报纸大面积扩版,"厚报"时代来临,新闻阅读方式与出刊报纸的方式一定会发生改变。人们读报纸的速度已步入快读时代,读者在接收信息时更习惯图片语言,在这种阅读方式下,信息传播的方式发生改变,需要对传统版式设计进行调整与创新,使报纸内容更"易读",信息更"视觉化"。那么究竟该如何进行现代报纸的版式设计呢?报纸版面的细分化、导读方式的多样化、信息传递的图解化等,都是对读者阅读心理和习惯的适应性措施。

(一)头版封面化,标题设计的创新

现代报纸为吸引受众视线,激发人们的阅读欲、购买欲,特别讲究头版出彩,头版封面化趋势越来越明显。如果版式,特别是头版不具有吸引力,报纸就很难被挑剔的读者关注。头版封面化的一个典型特征就是标题设计的创新。

标题是第一个映入读者眼帘的视觉要素,醒目合理的标题能迅速抓住读者的眼球。标题只有具备吸引读者的能力,文章才能被读者进一步阅读。因此,必须关注标题和内容的结合,从这方面来讲就是,传统的版面信息被分为了标题和具备吸引力的内容。那么究竟该怎么样通过标题来吸引读者呢?

如果仅通过标题就能够使读者对报纸内容感兴趣,那么便实现了"抓住读者的心"的目标。对于报纸从业人员来说,必须要从众多稿件中找到最抢眼的新闻,在此基础上拟定新奇且精致的标题。可以说,标题是文章的眼睛,通过优秀的标题便能够实现"闻其声则知其人"的目的,使报纸更富有吸引力。(见图 4-1-13、图 4-1-14)

(二)版块分栏的创新

新闻的排版方式应该遵循简洁、大方、实用、美观的基本原则,确保读者能够以最快的速度发现自己感兴趣的新闻信息。在同一版面中,横题阅读的速率高于其他类型的阅读速率。字号方面,应该选择正方体的标准字号。在版面层次的处理方面,应该避免花边、底纹、颜色等因素对读者视觉造成负面影响。从编排方式来看,占据较大版面的应该是装饰较为平实的内容。总而言之,版面排列的方式必须与读者日常的阅读习惯相契合。

就报纸版面来说,密密麻麻布满整个版面的文字会让读者产生畏难心理,潜意识里不愿触碰这类大块头文章,而若将整篇文章从视觉上化整为零,则能有效降低读者心理上的预期难度。将一篇深度新闻报道分成几个版块,各自配以小标题或导语及辅助理解的图片,这样读者阅读起来就不会觉得累,而且很容易抓住文章的主要内容,视觉上也不会疲劳。(见图 4-1-15、图 4-1-16)

图 4-1-13　　　　　图 4-1-14

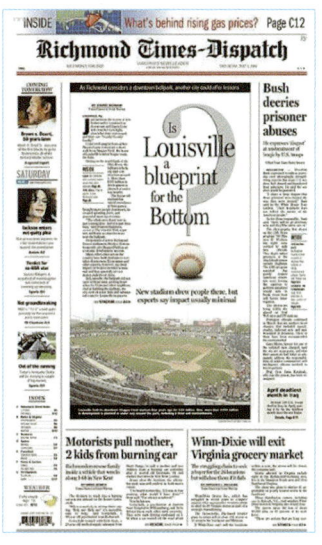
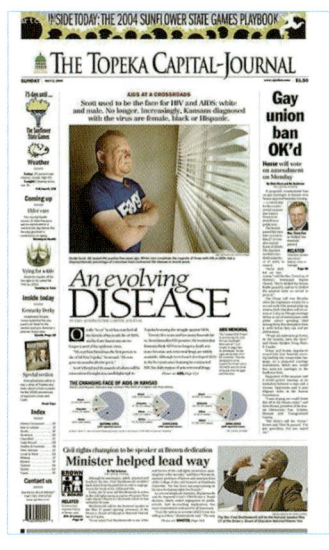

图 4-1-15　　　　　图 4-1-16

（三）图片的创新性使用

作为表达新闻信息的关键形式，图片及其使用非常关键，报纸的插图只要内容合适且具备可观性，那么图片便能够向人们准确及时地传递新闻，除此之外，图片还能宣传与传递美，让读者不仅能对新闻有所了解，还能拥有美的享受。报纸版式设计中，按照主题要求，可以将报头放在左侧或者右侧，还可以放在左上角或右上角，除此之外，还可以插在中间，不过，插图是不能放在下边的。稿件占据的版面面积是根据字数来确定的，插图的设计应该遵循整体平衡的原则。从某种程度上来讲，相比于文字叙述的形式，图片新闻的可信度更高，并且这种方式更加清晰明了，说服力也更强。过去，大家提倡"图文并茂"，图片的使用只是为了点缀与美化文字新闻。最近几年，由于图片的巨大视觉冲击效果，图片的功能已经不再局限于对版面的美化了。当今，人们进行文字阅读的时间大大缩短，因此，一张具备吸引力的图片可以有效节省读者的阅读时间，还具备了直观性的优点。因此，在进行报纸版式设计的过程中，不仅要考虑文章的可读性，还要关注优秀图片的选择。在考虑版式设计方式的时候，应该首先关注图片的创新性使用，可以对图片进行多样化处理，可以采用矩形图、不规则图、去底图、出血图等多种处理手段。矩形图以直线轮廓来规范和限制内容，具有简洁、稳重、理性的视觉特征，通常用于时政、经济、科教等版面；不规则图、去底图、出血图具有轻松、活泼、动感的视觉特征，多用于文娱、体育等版面。（见图4-1-17、图4-1-18）

（四）漫画、图表的运用

严格意义上说，新闻漫画、新闻图表也属于新闻图片，这里单独列出来，是为了更清晰地说明它们在媒体融合背景下的重要作用。它们嫁接了电子传媒的传播手段，又集美术、摄影、线条、色块、文字、数据于一体，简明、直观、精确、形象，能够突显视觉特征，扩大信息张力，使读者更容易阅读和理解。

因而漫画、图表的运用是报纸版面创新的新手段。（见图4-1-19、图4-1-20）

图 4-1-17　　　　　　图 4-1-18

图 4-1-19　　　　　　图 4-1-20

（五）线的频繁使用

线是报纸中最基本、最常用的设计元素。它可以是字块与字块之间的留白，也可以是明确的不同粗细和不同线型的线。不同的线具有不同的性格特点：粗线给人粗犷、稳重的感受，细线给人纤细、轻盈的感受，点线给人跃动、延伸的感受，波纹线给人活泼、生动的感受，锯齿线给人尖锐、醒目的感受，花边线则给人美丽、丰富的视觉感受。

报纸中的线可以明确区分各篇文章的内容，使信息清晰，并且线可以把同类新闻归在一起，起到区分版面，使版面更具条理性的作用。因此，编排时经常利用各种线型强化区域间的差别。通过不同粗细、不同颜色的线条与隐形的骨架线，来明确区分各部分信息；通过封闭的线来强调自身，区别不同的版块内容；通过不同粗细的线条形成整个版面的空间感与层次感等，增强视觉的注目度。（见图4-1-21、图4-1-22）

（六）色彩的作用

色彩可以对人的心理产生影响，满版黑色文字会让读者感觉压抑沉闷，巧妙地利用色彩可以避免这种情况并使阅读更轻松愉悦。一方面，多彩的图片可以为报纸版面营造出亮点；另一方面，彩色标题既可以缓解读者的视觉疲劳，又可以提升读者的兴奋度。同时，色彩还具备对信息内容的归纳作用，同一类型信息或一个专栏信息可以用相同的色彩进行分区装饰，这不仅能使信息版面更清晰，而且大大节省了阅读时间。此外，当一大段文字被当作一个整体来看的时候，文字实际上形成了一个灰色的块面，文字的不同字体、笔画空隙、间距也会形成不同层次的灰色关系，这些都会影响读者阅读的注意力。

报纸色彩设计中要注意将色彩的对比强度与报纸文章内容的信息层级关系结合起来，让色彩体现出信息的层次。同时也要注意，版面色彩不宜过多、过杂，以免造成凌乱，缺乏整体感；色彩的反差不宜过大，以免造成喧宾夺主的效果。只有色调统一，重点色彩突出，才能使报纸的版面信息清晰、视觉感观协调。（见图4-1-23、图4-1-24）

图 4-1-21　　　　　　图 4-1-22

（七）骨格与留白

在报纸版面设计中，骨格的作用尤为重要。由于报纸面积较大，如果不进行版面分割，将会给读者造成非常大的视觉负担。常见的报纸骨格为竖向4～8栏，在排版时将文字和图片严格按照骨格进行编排配置，带给人严谨、理性的美感。而横跨多个栏的图片、标题使骨格形成横向的交叉，破解了完全纵向分栏带来的单一之感，有时还可以结合横向分栏，使版面既理性严谨，又富于变化的弹性之美。标题通常比它实际占据的空间要小，在标题的四周通常留有供视觉喘息的空白地带（留白）。适

图 4-1-23　　　　　　图 4-1-24

图 4-1-25　　　　　　图 4-1-26

度留白不但能够缓解受众的视觉压力，还能使版面紧中有松，形成虚实对比，同时留白可以起到突出标题的作用。（见图4-1-25、图4-1-26）

留白起源于中国绘画，也是中国美学中"空"的诠释，空白被赋予了各种意义，引起各种联想，成为"有意味的空间"。在版面中，编排的内容是"黑"，即实体；未放置任何图形文字的空间（也可以放细弱的文字、图形或色彩）是"白"，即虚体，俗称"留白"，它是版面中的特殊表现手法，其形式、大小、比例决定着版面的质量。巧妙运用留白，能引人注目，更好地衬托主题，集中受众视线和营造版面的空间层次。可以考虑在以下几个地方设置留白。

①页边空白。页边空白指报纸文字内容与报纸纸张边框的间距。适当的页边空白能使整个版面向周围舒展，使读者没有局促感。

②版面元素的间距空白。文字与非文字元素间距。字间距、行间距和段落间距的留白在报纸版面上得到大量运用，这些版式的共同风格是字体单纯、字号变化小、图片运用精当、版面留白多。

③在合适的地方故意留白。例如在文字或图片周围留白，这样做是为了醒目，烘托主题。

留白可以营造轻松、简约、独特的版面风格，使整个版面流畅通透，是一种合理的调剂版面各种元素之间的关系，达到版面平衡的方法。如图的版面，很好地调剂了线条、文字、图片等元素的关系，充分运用了版面语言，产生了引人注目、阅读轻松的版面效果。

四、现代报纸版式主潮流——模块式版面中常用的版式

模块化是当前大多数报纸采用的设计样式，这种样式主要以网格体系为基础，用一个个规则的矩形块构成版面，这些矩形块可以是单独成篇的新闻报道、新闻图片，也可以是一些相同主题新闻的组合。它们通过线条切割或围框，形成独立而有机的整体呈现在读者面前。

（一）垂直式

垂直式版面是欧美报纸设计的第一阶段，它是印刷技术特定发展阶段的产物。当时的铅字报纸，由于是活字印刷，每栏铅字必须排成楔子形的长条。因此版面上的标题只限于一栏，文章从版面的上部垂直读到底部。这种版面给人比较严肃、整齐、呆板的感觉。随着排版技术的不断进步，人们现在已经能够对这种版式进行扬长避短，既能避免垂直式版面的呆板，又能发挥垂直式版面的优点。

图4-1-27、图4-1-28所示的这两张报纸，突出放大了图片，很能体现图片的冲击力，这就是垂直式版面的优点，可以很好地起到放大图片的作用，很适合做采纳版面。而且这两张报纸的整个版式不呆板，重点突出，图片也抢眼，能很好地突出新闻的价值信息。

（二）宽幅二八式

根据版面的宽幅将报纸分为二八开，"二"的部分放一些新闻价值较低的信息，"八"的部分放一些新闻价值较高的信息。这种分布有利于准确地让价值高的重要新闻吸引读者的眼球，使版面显得很有秩序，排版时方便安排

图4-1-27　　　　　图4-1-28

文章，适合常规版面。（见图4-1-29、图4-1-30）

（三）杂志式头版

杂志式头版通过借鉴电子版新闻和杂志封面的做法，全部采用文字导读或文字加照片的导读形式，通过导读文字的字体、颜色和大小的变化形成综合式的导读版的头版，造成视觉冲击，让读者通过看头版即能知道当期报纸的重要新闻信息，而且图片式的封面背景也有很强的视觉吸引力，老远就能把读者的眼球吸引过来。这种版式凭其强烈、明快、清新的优点在当下非常流行，尤其在专业报刊中。（见图4-1-31、图4-1-32）

图4-1-29　　　　　　图4-1-30

图4-1-31

图4-1-32

当然，以上介绍的仅仅是现在常用的几种模块化版式，在报纸设计中，创新不可或缺，版式也在不断发展，越来越人性化，越来越具备美感和人文关怀。

五、报纸版面设计的步骤

（一）了解要求，通读稿件

因为版面是一个整体，故设计版面之前需要先通读所有稿件，以便根据稿件的内容和文字数，以及稿件的新闻性和重要程度分出主次，从而确定文稿、图片的大小及位置安排，并大致勾画出版面的框架。

（二）考虑周详，确定布局

在了解要求、通读稿件的基础上，确定布局。具体包括：采用哪种版式类型；头条、二条稿件如何处理；图片、图框如何安排；重点稿件是否临时需要其他稿件的搭配，同类稿件如何集中；标题内容和形式如何统一等。只有对版面的布局结构了如指掌，画版样才能得心应手。

（三）计算篇幅，调剂余缺

传统版式设计，需要精确地计算每篇稿件的篇幅、图片的大小等，而电子排版操作对这一步骤的要求有所降低，但还是可以有所借鉴。

稿件字数÷（所占栏数×基本栏字数）=行数

如报纸基本栏为8栏，每栏13个字，一篇文章有1000个字，准备排6栏宽，那么它的计算方法就是1000÷（6×13）≈13行。

（四）画版样

画版样一般采取三先三后的方法，一是先安排重要稿件，后安排次要稿件。重要稿件一般篇幅较大，内容举足轻重，位置不能随便移动，所以要先安排。二是先安排图片、专栏等，后安排其他稿件。因为图片、专栏在版面上是以比较完整的形式出现的，不能被其他稿件穿插，改动也不如文字那么灵活。三是先安排版面的四角，后安排版面中间，四角安排妥当了，中间部分就容易把握了。

（五）看大样

大样是按照设计好的版样拼版之后打印的样

章，供编辑人员进一步审核修改和校对。看大样要着重检查以下几个方面：

（1）标题与正文是否相符。

（2）内容、文字有无差错和不当之处。

（3）标题的大小、位置、字号、装饰是否适当。

（4）全版标题和个版标题有无矛盾、重复现象。

（5）图片与说明是否相符，画面是否完整，位置、大小是否适宜。

（6）整版布局是否合理恰当。

（7）专版的标题与文字有无接错。

大样校正完成后，就印出清样。清样原则上不再改动，经有关负责人审阅签字后，即可付印。

教学实例：报纸版面设计

课后练习

选一张报纸的第一版面进行图解分析，同时重新对版面进行设计。

报纸图解分析参考图4-1-33和图4-1-34。

图 4-1-33

图 4-1-34

第二节 宣传册的版式设计

宣传册是展示企业内涵、宣传产品的一个重要传播媒介。作为企业或机构广告宣传活动中的一个重要环节，宣传册推广是企业文化宣传和产品推广的重要方式。它是个无声的演讲者，通过对信息内容在版面空间进行一定的安排将其准确无误地传达出去。如何在有限的宣传范围里，通过有效的宣传册设计，让目标受众对宣传册内容有所感知并留下深刻记忆？这需要设计师必须对宣传册的版式设计方式进行探索。设计方法的运用能有效提升受众阅读的愉悦感、提高信息传递的效率。

一、宣传册概述

宣传册是用于对公司或产品进行宣传的一种形式，从广义上来讲，宣传册也可以算是广告的一种形式，因为它们都是起"广而告之"的作用，都是以宣传公司产品为最终目标。宣传册的应用范围涵盖各个领域，如服务业、生产企业、传媒业等，各领域都会在公共场所用宣传册来宣传服务和提升自身的文化价值。

宣传册作为一种视觉宣传媒介，主要以直观的文字、生动的图片、协调的颜色及精美的版面吸引人们的视觉。作为一种信息传递的重要工具，宣传册的设计是否符合企业的理念定位，是否能引起消费者的阅读兴趣，宣传册版式设计编排的好坏在其中起着非常重要的作用。一个良好的版式设计可以增加视觉阅读的流畅性、信息传达的准确性、形象传播的艺术性。可以说，版式设计是决定宣传册广告宣传效果的最重要因素，而图形、文字、色彩等视觉语言在其中扮演着十分重要的角色。

版式设计是宣传册设计中很重要的一个环节，它不但包括封面封底的设计，还包括环衬、扉页、内文版式的构思与编排等。宣传册设计追求一种整体感和视觉冲击感，对设计者而言，必须具备对宣传内容及版式编排的整体把握能力。从宣传册的主题思想、开本、字体选择到目录和版式的设计，从图片的排列到色彩的设定，直到最后的印刷材质和印刷要求，都需要进行整体的考虑和规划，然后合理调动一切设计要素，将它们有机地融合在一起，这样才能将宣传册的作用发挥到极致，并服务于大众。（见图4-2-1、图4-2-2）

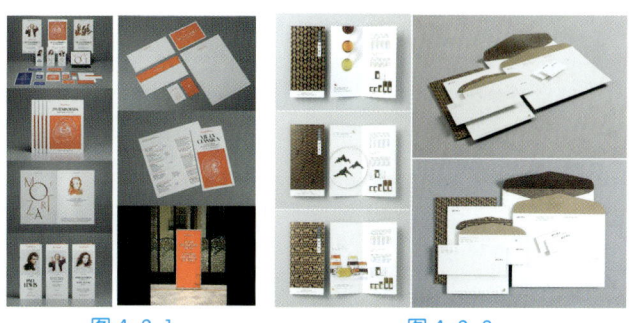

图4-2-1　　　　　　　图4-2-2

二、宣传册的分类

宣传册的版面大小、色彩、材质、印刷工艺可以自由地设计选用，种类多样，灵活多变。宣传折页根据信息量及设计风格的不同，可以采用不同的折法。

宣传册根据具体内容主要分为产品服务宣传册和企业形象宣传册。

宣传册根据制作的开本形式主要分为册本、折页、传单、请柬及卡片等，由于它们表现出来的形式不同，因此开本的选择也各有差异。一般我们可以把宣传册分为宣传册本、宣传折页。折页可以分为两折页和多折页，将信息有规律地编排在版面上，折页的开本形式多样，可以是纵向，也可以是横向，开本的大小不定。下面分别对宣传册本和折页的宣传册进行介绍。

（一）宣传册本

宣传册本一般是针对信息量比较大的内容选择的，类似书籍的设计特点。页码较多，开本大小根据具体对象的要求来定，有普通开本，也有异型开本。对内容繁多的，在编排设计上要考虑整体与个体的和谐统一，在编排上主要运用网格结构。要强调节奏的变化关系，要有一定量的留白，色彩之间的关系应保持整体协调。

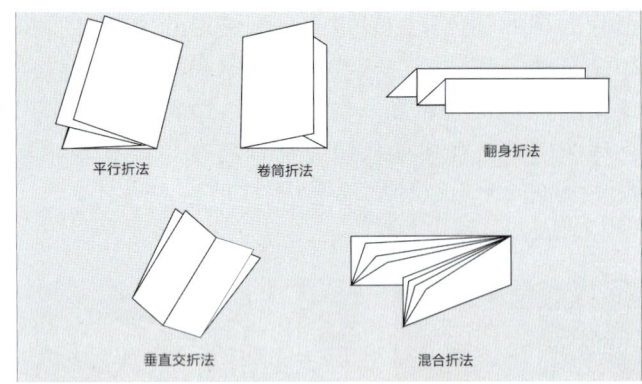

图 4-2-3

（二）宣传折页

宣传折页是针对某一类业务或者某种产品介绍而推出的，是具有强烈针对性的广告手段。宣传折页的形式有二折、三折、四折、六折等，特殊情况下，还有创意造型的宣传册。现在很多宣传册，如企业形象宣传册、产品服务宣传册、产品型录宣传册等都能在宣传册的创意手法中体现企业的风格定位和新颖的设计表现。

宣传折页根据信息量及设计风格的不同，可以采用不同的折法。在进行宣传折页版式设计时，要根据折法的不同来进行顺序编排。为了便于阅读，封面、封底及内页内容的顺序不能错乱。宣传折页折法有平行折法、卷筒折法、翻身折法、垂直交折法、混合折法及其他折法。（见图 4-2-3 到图 4-2-7）

由于广告宣传的作用，宣传册具有很强的针对性和独立性，是企业形象的一面镜子，因此从版式设计到内容编排，再到开本大小、纸张的选择和印刷方式，都要按照高标准来执行，这样宣传册到达消费者手中的时候，才能第一时间吸引消费者的眼球，达到让消费者建立对企业的良好印象，准确传递宣传内容的目的。

图 4-2-4

图 4-2-5

图 4-2-6

图 4-2-7

> **小贴士：**
>
> **纸张开本规格**
>
> 正度纸张规格：787mm×1092mm
>
> | 开数（正） | 尺寸（mm²） |
> |---|---|
> | 2开 | 540 × 780 |
> | 3开 | 360 × 780 |
> | 4开 | 390 × 543 |
> | 6开 | 360 × 390 |
> | 8开 | 270 × 390 |
> | 16开 | 195 × 270 |

图 4-2-8

（三）宣传册纸张的选择

宣传册一般选择比较耐磨的纸张，如铜版纸和白卡纸等。可以根据具体的情况选择纸张的厚度，也可以根据版面的需要选择对 DM 做些特殊工艺处理，如金色处理或对版面进行凹凸质感处理等。

常用的纸材如下所述。

（1）铜版纸：纸张略带光泽，手感光滑，印刷色彩艳丽。它分为单面铜板与双面铜板，是样本、贺卡、请柬等最为适宜的用纸。

（2）哑粉纸：是样本、贺卡、请柬、商品画册、礼单等的常用纸。不过纸质表面不是光滑的，印刷出来之后具有质量高、精致的感觉。

（3）胶版纸：说明书、宣传单等的常用纸。它是一种无光泽的纸材，为彩色胶版印刷的专门用纸。

（4）卡纸：广告明信片、贺卡、请柬、样本、画册封面的常用纸。它有白卡、灰卡、玻璃卡等多种纸材，是一种高档用纸。

除上述常用纸外，还有各类艺术纸，如刚古纸、硫酸纸、铝箔纸等。纸张的厚度与 DM 的主题形式、档次相关联。产品样本、画册、多折说明书等的用纸厚度为 157～200g。封面、单页贺卡、广告明信片、请柬等的用纸厚度为 250～300g。（见图 4-2-8）

三、优秀的宣传册设计应具备的特点

一个好的宣传册版式设计要在视觉上给读者不一样的感受，使读者在第一次接触版面的时候就能够产生视觉上的冲击，并最终达到产品促销的目的。如果只是将设计元素机械地排在一起，则不会给读者带来任何视觉的注目度。

（一）宣传册设计的主题表现

表现主题是策划宣传册的第一步。主题是对品牌发展战略、企业形象战略、营销战略的提炼和领悟。没有主题的提炼，宣传册就成了中规中矩的陈列品，不是灵动的展现，更不是所谓的精神传递。（见图 4-2-9、图 4-2-10）

（二）宣传册设计的整体架构

宣传册的架构，犹如高楼大厦的架构，有良好架构的宣传册，就如高楼大厦有了良好的基础。宣传册

版式设计

的基础、承接、扩展到最终的融合，每一步息息相关、相辅相成。（见图4-2-11、图4-2-12）

（三）宣传册设计的创意表现

创意的表达是无处不在、无奇不有的。只要创意符合宣传册表现策略，就可以充分地展现宣传册的主题，也可以获得良好的宣传效果。（见图4-2-13到图4-2-15）

（四）宣传册的版式

宣传册的版式犹如时装，不同季节、不同年代都会有不同的款式出现，并广泛地流传于各个国家和城市。关注国外的优秀设计作品，比较同类行业的设计理念，好的版式设计都会将企业文化理念通过一定的版面风格和视觉要素表现出来，有的宣传册格调比较高，会注入一些文化符号，如具有中国元素、西方文化元素等各类文化元素的现代流行的新潮版式。（见图4-2-16到图4-2-18）

四、宣传册版式设计中的视觉元素分析

图形、文字和色彩作为宣传册版式设计的主要视觉语言，在版式设计中具有强烈的艺术美感。宣传册的版式设计需要在册子的开本、整体理念表达、艺术效果营造等的影响下，根据设计师表达主题的需要，将图形、色彩、文字这些视觉元素合理地编排在一起，创造出具有独特艺术美感的版式格调，体现宣传册的美学效果。

宣传册的整体视觉效果是通过各个视觉元素的合理布局和安排而实现的，对原有设计要素的深入化修改，可以实现视觉表达效果的优化。对设计元素细微的改变往往是不易被察觉的，需要通过仔细比较才能被发现。大量细节的变化，积累起来就是质的变化，带来的是整体视觉舒适度的提高，是提升设计品质重要的设计步骤。

图4-2-9

图4-2-10

图4-2-11

图4-2-12

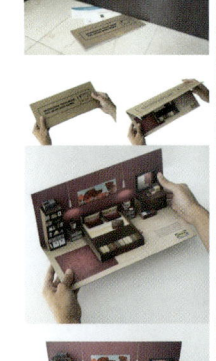
图4-2-13

图4-2-14

图4-2-15

图4-2-16

图4-2-17

图4-2-18

(一) 利用色彩表达版面艺术情感

宣传册的诸多视觉语言要素中，色彩是一个重要的组成部分，根据色彩的联想性、象征性、情感性等，可以制造气氛、传达主题信息、烘托主题、强化视觉冲击力，同时合理的色彩搭配也可以使整个页面看上去更加舒适柔和。每种色彩都有自己的语言，找到适合自己的色彩不仅能突出自身的优点，还可以充分表达自己的个性风格。在宣传册设计中，对不同种类的商品需要以与其风格相吻合的色彩来表现，这样才能符合人们的审美习惯，帮助人们更好地理解主题。如食品类的宣传册，红、橙、黄等暖色能较好地表达色、香、味等感觉，蛋糕、甜品等便常用这些色系，纯度较高，容易引起人的食欲。同时用绿色表现蔬菜、水果新鲜的感觉，用蓝色表现饮料、冷冻食品清凉的感觉。又如化妆品的宣传册用色，男性化妆品多半以黑色为主色调，体现一种沉稳、时尚感。女性化妆品却多半都是彩色系，且年龄不同，色彩使用也不同。为体现年轻女孩儿的甜美、清纯，多以淡粉、淡蓝色调为主，而表现成熟女性的优雅、端庄多用咖啡色、米白色、暗红色。（见图4-2-19到图4-2-22）

宣传册主色调的选择非常关键，它可以烘托主题，渲染气氛，增强版面的艺术情感，引起人们的关注，同时可以更为深入地揭示主题或产品的个性特点，可以在图形、文字的搭配下更好地传递信息并给人以美的享受。宣传册的色彩设计应从整体出发，准确把握宣传册的主体色调的使用，注重色彩关系中如色相、明度、纯度等各因素的对比与统一。过于统一会显得单调乏味，变化过多又会让人感觉太花哨。所以设计者在进行颜色搭配时，要注意同类色、类似色、邻近色、对比色和互补色之间的和谐搭配，合理把握分寸才能使色彩搭配呈现出美感，不同明度和纯度的色彩进行调和才能使版面的色彩更加和谐，使版式色彩更加丰富生动。

另外，在设计过程中，还可以从宣传册的内容和产品的特点出发，在常规用色的基础上寻求一些突破，打破常规或习惯用色的限制，在设计中标新立异，设计出新颖、独特的色彩格调以增强宣传册的识别性和记忆性。

图 4-2-19

图 4-2-20

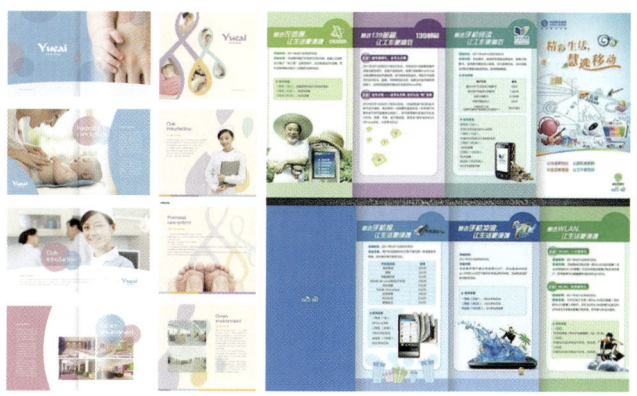

图 4-2-21　　　　图 4-2-22

（二）利用图形增强版面的冲击力

图形在宣传册中起到了至关重要的作用，它是一种直观地传播信息、交流思想的视觉语言。图形具有独特的魅力，在视觉传达过程中，可以代替语言文字表达含义，可以超越国界、语言文字的障碍，是人类通用的视觉符号。在宣传册设计中，图形的运用可以有效地吸引读者的注意力，准确地传达作者想要表达的情感，给人强烈的视觉冲击力。同时可以使读者被图形吸引，进而将其视线引至文字，使读者有兴趣继续阅读宣传册的其他内容。

在对宣传册进行版式设计前，首先要注意图像的选择和处理要与文案内容、形式美感等相统一，尽量做到深入了解企业的文化理念、产品的定位后去选择图像素材。比如在宣传册中介绍产品的版面，一般选择具象的图形，如专业摄影的产品图。因为具象图形可以真实地传达物象的色彩美、形态美、质地美等，真实感较强，在视觉上容易激发人们的兴趣与欲求，在心理上得到人们的信任。而对于介绍企业文化、品牌内涵这类版面，一般选择象征性的抽象图形。这类图形具有单纯凝练的形式美，更容易表现出对象的本质特征，是一种高度理念化的图形样式，比具象图形具有更强的现代感和象征性。例如表现企业具有高瞻远瞩的眼光时用雄鹰高空展翅的图像，表现企业开拓进取的精神时用轮船方向盘的图像，等等。（见图 4-2-23、图 4-2-24）

图 4-2-23　　　　图 4-2-24

另一方面，版面的美观程度和照片大小的安排恰当与否有很大的关系。在版面中，图片面积大小不只影响版面的视觉效果，而且间接影响情感的传达。大图片情感强烈，注目度高，感染力强，让人感到舒服和愉悦。小图片显得精致细腻，虽然没有大图片那样引人注意，但在版面中却常常起到点缀和呼应作用。因此，在版面编排时，要把重要的、抢眼的图片放大，把从属的图片缩小一点，使版面有主次关系。一张照片不意味着一定要按照原样来使用它，许多照片得益于明智的或创造性的裁剪。即使是一张极好的照片，也需要裁剪才能使宣传册更加富有创造力，才能创造一些关注点，或者强调一个概念。有些照片可以保留主体形象，去除背景，这样可以使主体更加显眼突出，可以诱使观者去留意本来可能会忽视的信息，或者吸引观者的视觉去关注不曾关注的对象。（见图 4-2-25）

图 4-2-25

设计师在版式设计中对图片的使用，还要注意宣传册整体美感的营造。有时为了表达不同的主题，还需要对图形进行裁切、模糊、去色等精雕细琢的处理，杜绝图片的简单罗列拼凑。注意图片的选择和处理要符合美学原则，图片本身的色彩、光影、构图等不足以表现产品的特色时，需要运用相关平面设计软件进行美化处理。如改变透明度、运用滤镜做特效、图像的合成等处理，可以使整个版面看起来更有美感，形成一种虚实的空间关系，展现独特的风格，增强版面的冲击力。

总之，不管是用具象图形还是抽象图形，图片大或者小，最终目的还是要让观者有兴趣看且看得懂。图形的数量、位置、面积等决定了宣传册版面的整体风格，宣传册的视觉传达效果很大一部分取决于图形的选择。恰当地运用图形可以让读者很容易理解并接受它所传达的信息，达到广告宣传的效果。

（三）利用文字对比体现版面的层次性

宣传册作为一种极具代表性的宣传样本，其文字的编排构成十分重要。在宣传册的版式设计中，字体的不同、字号的不同、字间距和行间距的不同都会带来不同的视觉感受。文字的编排设计是为了增强视觉效果，是版面个性化的重要手段之一。作为视觉形象要素之一的文字，可读性是必备的。字体的选择与运用首先要便于识别，容易阅读，宣传册内页的文字内容要凝练易识别，切忌条理不清晰，内容繁杂，重点不突出。所以在宣传册的版式设计中要注意合理利用文字的多种对比关系来体现版面的层次性，增强宣传册的信息传达效果。

第一，字体的对比。在宣传册的版式设计中，文字一般分为段落文字和标题文字。段落文字一般选用容易识别的字体，比如宋体、黑体、仿宋体或楷体。因为这些字体字形方正，比较规则，适合字数比较多的段落文本。在段落文字中对文本进行分栏、适当的倾斜处理，通过在文字中插入图片、将段落文字填入异型文本框等方式来实现段落文字的变化。而标题文字的字体就比较丰富，如少儿体、魏碑体、幼圆体等，设计师可根据宣传册的风格定位选择不同字体。因为标题的字数比较少，一般在二十个字以内，设计师可根据不同宣传册特殊的风格和意境自己设计字体，改变字体形状、结构或者在原有字体的基础上进行艺术再加工。在可识别性的基础上，选择形态与传达内容相吻合的字体，字体间可适当地变化，但风格要统一，使版式设计更具视觉表现力。

第二，字号的对比。宣传册文字的字号大小要有变化，但是变化不能太大，要符合人们的阅读习惯，否则会让人有种太花哨的感觉。一个版面的字号最好控制在三种左右。一级标题使用大一点的字号，二级标题、三级标题或正文使用相对较小的字号，这是为了突出标题文字信息。一级标题与二、三级标题尽量拉开字号的差距，段落文本根据开本的大小均使用相对较小的字号。同时文字的编排中每行的字数不宜过多，要选用适当的行距与字距。

第三，中英文对比。在文字的编排设计中，可以使用中英文对照的设计手法，中文的字体笔画硬朗明确，英文的字体笔画柔美弯曲，结合二者曲、直线条的变化对比的设计，可以使整个宣传册顿生光彩。

总体来说，设计师在进行排版时，文字内容不宜过多，面对冗长的文字，读者有时不会逐字逐句地阅读，反而心生厌倦，这需要设计师对文字内容进行分级分类，找出重要的文字进行强调。设计师应根据不同的版式编排风格选用不同的文字对比方式，创造出清晰的版面层次效果，给读者带来不同的视觉感受。（见图4-2-26、图4-2-27）

图 4-2-26

图 4-2-27

五、宣传册的制作技巧与特点

一张编排得当、设计完美的版面可以给人美的享受，可以使设计在效果和功能上"事半功倍"。一本富有特色的宣传册可以长时间记存在人们的脑海里。宣传册作为以表现视觉形象为主的书籍，在编排上强调大气，讲究品位。

（一）从实际出发，抓住消费者的消费心理

宣传单页最主要的作用是对产品进行宣传，并力求在最短的时间内使消费者完成消费。所以在设计中一定要从实际出发，将自己放在消费者的位置进行设计，不要华而不实、喧宾夺主，要将最具有吸引力的产品信息放在容易看到的位置，适当使用一些夸张手法，抓住消费者的消费心理，起到一定的宣传作用和消费诱导作用，从而实现产品宣传及销售。（见图4-2-28、图4-2-29）

细节决定成败，也可以区分好坏。宣传册设计中大量人物头像图片的使用，可以将其处理成黑白图片，首先在色调上进行统一；在拍摄角度上，可选取人物正面的角度；面部在画面中所占比例、面部表情等亦应相当。所有这些方面的统一规划，会使整个画面具有强烈的视觉统一感。这种规律性的表达，让阅读者能强烈感受到条理性，从而提高阅读效率，提升阅读的舒适性。（见图4-2-30）

（二）将产品放在最核心的位置

一份好的宣传单页会让潜在消费者的注意力一直在宣传的产品上，这就要做到展示商品的独特吸引力，给消费者一个购买的理由，并引导消费者如何得到它。所以在宣传单页中最核心的东西就是产品，与产品不相关的信息能不加就不加，文字性注意事项可以用小号字体并将其放在下方角落，尽量不占用过多篇幅。另外，不论是和促销相关的图片信息还是文字信息，都要放在显眼的位置，并配合绚丽的图形或图画引起注意，将信息在第一时间传递给消费者，使其产生购买欲。在编排页面时一定要做到合理有序、分门别类，使不同的消费者可以快速浏览到所需商品。（见图4-2-31、图4-2-32）

图4-2-30

图4-2-28　　　　图4-2-29

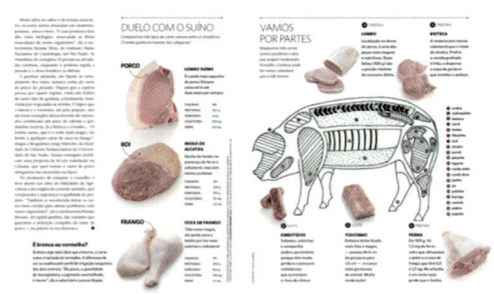

图4-2-31

图4-2-32

（三）版面风格相统一

页码较少、面积较小的型录，在设计时应使版面特征醒目；色彩及形象要明确突出；版面设计要素中，主要文字可适当大一些。页码较多的型录，由于要表现的内容较多，为了实现统一、整体的感觉，在编排上要注意网格结构的运用；要强调节奏的变化关系，保留一定量的空白；色彩之间的关系应保持整体的协调统一。为避免设计时只注意单页效果而不能把握总体的情况，可采用以下方法来控制整体效果：首先确定创作思路，根据具体情况确定开本及页数，再依据规范版式将图文内容按比例缩小排列在一起，以便全面观察比较，合理调整。（见图4-2-33、图4-2-34）

找出整册中共性的因素，设定某种标准或共用形象，将这些主要因素安排好后再设计其他因素。在宣传册设计中抓住几个关键点，以点带面来控制整体布局，做到统一中有变化，变化中求统一，达到和谐、完美的视觉效果。

（四）对宣传册各视觉要素感知的前后顺序，依次是色彩、图形、文字

要想提高读者的阅读兴趣，可从色彩、图形和文字这三个方面入手。首先是色彩，符合宣传内容需要的合理的配色方案，无疑是最不容易出错的，但大胆的色彩搭配亦能给观者带来全新的视觉感受。既然远观即要吸引消费者的视线，何不在色彩使用上大胆些？能被受众关注到，亦是迈向成功的第一步。从图形这个角度来分析，应该包括两个方面——外部造型和内部图像。宣传册整体外部造型的独特性，是吸引人眼球的一个噱头，而内部图像的使用则可以切实反映宣传内容的品位与内涵。此外，合理地添加边框或者底纹，可以有效地增加宣传册的艺术效果，增添阅读的趣味性。从文章内容的布局出发，应强调轻松的阅读体验。除了宣传册中必须出现的内容，过长篇幅的文章会让阅读者心生厌倦，反而留下不好的印象。可以尝试在版面布局上做块面的合理划分，一大段文字过后适量穿插几张图片，同时版面中空白的使用也可以带来一些视觉休息的时间。相对于中文版式，国外大量的期刊、杂志常对段落开头文字做艺术化处理，这种方式可以更好地引导读者进行阅读。文字能诠释出和谐与舒缓、节奏与韵律、悲哀与痛苦、快乐与幸福、沉稳与大气、时尚与个性等各种气质特征。（见图4-2-35、图4-2-36）

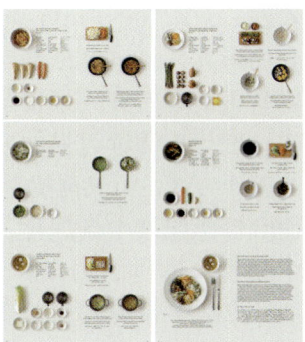

图 4-2-33　　　　　　　图 4-2-34

图 4-2-35

图 4-2-36

（五）信息图表化表达

对现代人阅读习惯的研究显示，图像化的表现手段是吸引人的重要方式。其中包括摄影图片、图形纹样及图标符号的运用。宣传册设计中大量数据化的、介绍性的内容，可将其归纳成表格或信息图表的形式。经过信息整合的图像化图表的运用，可以省去读者阅读大量繁杂冗长信息的时间，无疑是符合现代人阅读习惯的方式。这种更趋向于视觉化的表现方式，不仅能提升阅读兴趣，提高阅读效率，而且信息图表中条理化、创意化的表达方式，无形中将整个宣传册的设计水准提升了一个档次。（见图4-2-37、图4-2-38）

图4-2-37　　　　　图4-2-38

（六）网格划分

网格线是版面设计中的骨格，是版式编排的辅助工具。网格线是版面中隐藏的参考线，并非实体元素。在不同的版面中应用垂直轴线、倾斜轴线、折线、弧线、放射线等辅助线，将文字、图形等视觉元素安排得有规则、有依据，形成结构严谨的视觉版块，这是一种规范的、理性的分割方法。尤其是在图片和文字编排上，严格按照骨格比例进行编排配置，给人严谨、和谐、理性的美，让版面在有条理的同时，不失活泼而且极具弹性。（见图4-2-39、图4-2-40）

（七）版面留白

版面空白，以虚托实，这是现代宣传册编排常用的方法。恰当、合理地留出空白，能够烘托内容，缓解视觉紧张，增强易读性，增强版面的韵律、节奏感和空间感；打破死板呆滞的常规惯例，使版面通透、开朗、跳跃、清新；能传达出设计者高雅的审美趣味，给读者在视觉上造成轻快、愉悦的刺激。这是宣传册版面注入生机的一种有效手段。当然，大片空白不可乱用，一旦空白，必须有呼应，有过渡，以免流于形式，造成版面空泛。空白的使用也不能零散，以集中为主。版面中的留白安排不当或比例过多，不讲究空间的比例或对比关系，则会显得比较凌乱，也会破坏版面视觉元素的平衡关系。（见图4-2-41、图4-2-42）

图4-2-39

图4-2-40

图4-2-41　　　　　图4-2-42

（八）个性化的书眉和页码

书眉看似微不足道，但其得失之间有时也会关系大局。精心设计的书眉，在装饰版面的同时可能成为版面的亮点之一，尤其是用图形作书眉，可以使被表达对象的特征更加鲜明与突出，产生一种与众不同的美感。页码通常只具有识别页面次序的作用，但在宣传中，个性化的页码也能使版面增加吸引力。摊开书页后，本来不起眼的页码，经过精心设计后使版面煞有新意，调节了整个宣传册的气氛，具有画龙点睛之意。

总之，对版式编排设计驾驭能力的强弱，直接影响到宣传册设计的水平。任何一个平面空间的设计都涉及将文字、图片、图形、线条、色彩等视觉要素有序地加以组合，并最大限度地发挥这些要素的表现力。版式编排不是对这些要素的简单罗列，这些无声的视觉符号需要设计师斟酌安排，使其具有形式美的含义，这便是版式编排的意义。版式编排决定了宣传册设计的基本结构，决定了设计的基调。

六、宣传册版式设计风格定位

宣传册版式设计风格定位非常重要，需要根据公司或企业的不同定位而选择不同的形式和风格。宣传册是一件有组织的视觉作品，影响版式风格的要素包括字体字号的选择、宣传册整体色调的选择、图片整体效果的选择等。同时文本分栏、图文混排、留白设置等方面都会影响整体版面的效果。

（一）注重版面连续性

由于企业宣传册流通速度快、流通时间短等时效性特点，所以在设计时页面不宜太多，文字内容也应尽量减少，同时要注重设计的连续性表现，以此营造一种整体的画面效果。每一个小的版块需要建立内在的联系而不是单纯拼贴，注重文字内容的连贯性和色彩的和谐统一感，通过版面图文之间的编排达到一种秩序美、条理美，避免版式杂乱无章影响阅读的舒适度，所以保持版面页与页之间的连贯性尤为重要。在具体设计时，首先可将内页之间保持相似的页面结构，在空白处理、图文混排等方面寻求相似性；其次，整本宣传册的色调统一，文字图表字体样式统一，使阅读节奏更为流畅；最后在页面的装饰元素、页眉页脚的处理等方面尽量做到统一。

图 4-2-43

1. 色彩连续性

色彩是型录中最引人注意的视觉元素，它不仅有利于营造型录氛围，传达作品情绪，还能作为一种设计方法，将整本型录连贯起来。在具体的型录作品中，既可以用同一种色彩作为基调将整本型录连贯起来，这类型录整体感强，有一气呵成的视觉感受；也可以几种不同的色彩相互交替，轮流使用，再以封面和封底的色彩作为呼应，将其首尾相连，从而给受众一种整体的视觉效果。总之，色彩连贯法就是将色彩作为一种设计方法贯穿于整本型录中，使受众产生统一整体的视觉印象。（见图4-2-43）

2. 符号连续性

符号连贯法，即选取整本型录中最具有普遍性或最具有个性的某种符号，如箭头、弧线、纹样、色点等，甚至是标题或页码标注的位置，作为统一型录的一种手段，将其贯穿于整本型录中，起到路标或指示灯的作用。型录符号的选择具有较强的主观性和随意性。设计者应该纵观整个型录，反复比较，选取其中最具代表性的一种符号，作为一种标志，将其巧妙地贯穿于整本型录中，以此引导消费者顺利完成阅读，并给他们留下统一整体的视觉印象。（见图4-2-44、图4-2-45）

图 4-2-44

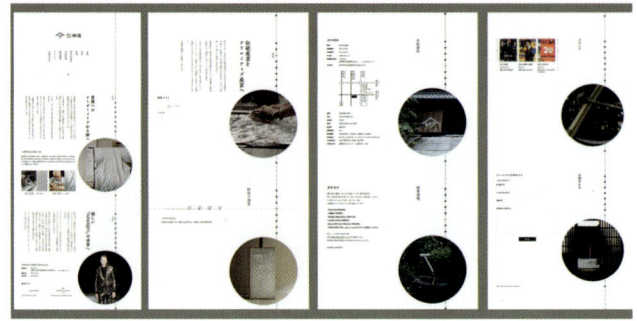

图 4-2-45

3. 风格连续性

有时候，宣传册中的图形、文字、色彩都不一样，版面位置也有很大变化，但设计者可以使用同一种表现手法将其统一在同一种风格下。风格连贯法是一种意象上的连贯，需要设计者对型录作品有很强的表现力和驾驭力。这种型录由于每个页面都有较大变化，在翻阅的过程中，能不断带给受众视觉上的新鲜感，有利于吸引受众完成对整本型录的阅读。风格连贯法要注意把握好版面之间的差异和变化的幅度，使之控制在合理的范围内，避免型录作品的混乱无序。（见图4-2-46、图4-2-47）

图 4-2-46

图 4-2-47

（二）符合大众审美观

在进行版式设计时，设计风格要独特新颖，有亮点，但也必须要符合人们的思维习惯，符合大众的审美观。否则，即使是再奇特的版面形式，也不受观众的喜爱，从而影响企业的广告宣传效果。比如：如果是科技类的企业要做宣传广告，通常应选用一些科学技术类的图片作插图；如果是银行类、

赏析：图 5-21 所示版面结合了插画与天然元素，密密麻麻的布局创造出了强烈、令人印象深刻的体验。随着页面的滚动，跟随咖啡豆亲历整个咖啡制作过程，最后咖啡豆落入研磨机，用户体验非常流畅，页面也不会固定到特定位置，滚动变成了讲述故事的一项技巧。图 5-22 所示网页中的首图较有视觉张力，能强烈地突出要表现的内容，色调搭配自然和谐。图 5-23 所示版面采用了同类色搭配的方式，版面色调柔和，采用了相似图形符号元素进行信息分层，版面的延续性和趣味性增强。

海报版式设计：

赏析：图 5-24 所示版面采用了手写体文字纵向排列方式，字体灵活轻松，黄黑对比使主题视觉信息较为醒目，非对称排列黑色标题的节奏感强，在视觉上较为抢眼。图 5-25 采用图文叠加的方式进行编排，图片用大小不同的节奏感较强的网格分布，并用灰色调子将其隐为背景，更强化突出了文字的主题信息；在标题文字排版上，讲究文字的空间布局，按照接近性原则选择字体，使之做大小、粗细和疏密的变化，整体版面简洁而丰富。

图 5-26　　　　图 5-27

赏析：图 5-26 所示版面采取纵横对称方式布局，立体渐变边框突出相同级别信息，图文交叠，版面干净整齐。图 5-27 采用 O 字形版式，图片破边，主题文字居中心，视觉中心较为突出。

图 5-24

图 5-25

参考文献 CANKAO WENXIAN

[1]ArtTone 视觉研究中心. 版式设计：从入门到精通 [M]. 北京：中国青年出版社，2012.

[2]〔日〕+Designing 编辑部. 版式设计：日本平面设计师参考手册 [M]. 北京：人民邮电出版社 . 2011.

[3]Sun I 视觉设计. 版式设计法则 [M]. 北京：电子工业出版社，2016.

[4]〔日〕佐佐木刚士. 版式设计全攻略 [M]. 北京：中国青年出版社，2010.

[5] 陈高雅. 举一反十版式设计诀窍 [M]. 北京：北京理工大学出版社，2014.

[6] 苗红磊，周作好. 现代版式设计 [M]. 成都：西南交通大学出版社，2014.

[7] 陈高雅. 版式设计原理 [M]. 北京：机械工业出版社，2016.

[8] 朱珺，毛勇梅. 字体与版式设计 [M]. 北京：中国轻工业出版社，2014.

[9]http://huaban.com

[10]http://www.zcool.com.cn

[11]http://www.uisdc.com